DI-SHIQI JIE
ZHONGGUO MOHU SHUXUE YU MOHU XITONG
XUESHU HUIYI LUNWENJI

# 第十七届中国模糊数学与模糊系统学术会议论文集

秦 勇 贾利民 史福贵 张德学◎主 编

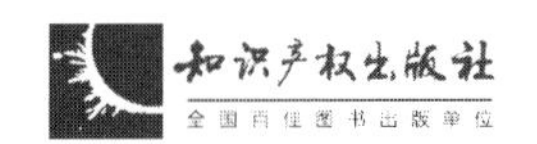

**图书在版编目(CIP)数据**

第十七届中国模糊数学与模糊系统学术会议论文集/秦勇等主编.
—北京：知识产权出版社，2014.8
ISBN 978-7-5130-2897-4
Ⅰ.①第… Ⅱ.①秦… Ⅲ.①模糊数学—学术会议—文集 ②模糊系统—学术会议—文集
Ⅳ.①O159-53 ②N94-53

中国版本图书馆CIP数据核字（2014）第185667号

**内容提要**

本书是第十七届中国模糊数学与模糊系统学术会议的论文合集，共收录20余篇文章，汇集了模糊理论在基础理论和实际应用等方面的众多最新研究成果。基础理论方面主要包括模糊拓扑，模糊代数，模糊逻辑，模糊测度，模糊控制等领域。实际应用方面涵盖了模糊信息，模糊算法，模糊分类，模糊关系方程，模糊决策等若干领域。

本论文集可为来自学术、工业、政府的研究者或工程技术人员全面了解模糊数学与系统理论、应用及交叉融合的最新发展提供参考。

**责任编辑**：安耀东　　**责任出版**：谷　洋

# 第十七届中国模糊数学与模糊系统学术会议论文集

DI-SHIQI JIE ZHONGGUO MOHU SHUXUE YU MOHU XITONG XUESHU HUIYI LUNWENJI

秦勇　贾利民　史福贵　张德学　主编

| | | | |
|---|---|---|---|
| **出版发行**： | 知识产权出版社有限责任公司 | **网　　址**： | http：//www.ipph.cn |
| **电　　话**： | 010-82004826 | | http：//www.laichushu.com |
| **社　　址**： | 北京市海淀区马甸南村1号 | **邮　　编**： | 100088 |
| **责编电话**： | 010-82000860转8534 | **责编邮箱**： | an569@qq.com |
| **发行电话**： | 010-82000860转8101/8029 | **发行传真**： | 010-82000893/82003279 |
| **印　　刷**： | 北京中献拓方科技发展有限公司 | **经　　销**： | 各大网上书店、新华书店及相关专业书店 |
| **开　　本**： | 787mm×1092mm　1/16 | **印　　张**： | 9.25 |
| **版　　次**： | 2014年8月第1版 | **印　　次**： | 2014年8月第1次印刷 |
| **字　　数**： | 216千字 | **定　　价**： | 48.00元 |

ISBN 978-7-5130-2897-4

# 第十七届中国模糊数学与模糊系统学术会议

## 北京·2014年8月23日—27日

### 一、主办单位

中国系统工程学会模糊数学与模糊系统专业委员会

### 二、承办单位

北京交通大学

北京理工大学

### 三、大会主席

刘应明(院士)

### 四、程序委员会

**主　任:**罗懋康

**委　员:**(排名不分先后)

吴从炘　张文修　李中夫　应明生　陈国青　李洪兴　贾利民

秦　勇　史福贵　赵　彬　徐晓泉　哈明虎　陈仪香　李永明

薛小平　胡宝青　王熙照　寇　辉　吴伟志　徐泽水

### 五、组织委员会

**主　任:**刘　军

**副主任:**张德学　贾利民　秦　勇　史福贵

**委　员:**(排名不分先后)

郑崇友　吴孟达　蔡伯根　唐　涛

聂　磊　李进金　陈水利　刘用麟

# 前　言

2014年第十七届中国模糊数学与模糊系统学术会议于2014年8月23日—27日在北京召开，本次会议由中国系统工程学会模糊数学与模糊系统专业委员会主办，北京交通大学、北京理工大学联合承办。本次会议致力于为广大模糊数学与系统理论及应用研究的学者和科技人员提供一个高水平的学术交流平台，交流和分享近年来在模糊数学与模糊系统理论及应用领域的最新研究成果。

本次会议共收到67篇中文论文、28篇英文论文，投稿覆盖了模糊数学与模糊系统理论、应用及多学科融合等主题。所有被收录的论文都经过严格的审稿过程，其中中文论文最终分别收录在《模糊系统与数学》期刊与本论文集中。本论文集将为来自学术、工业、政府的研究者和工程技术人员全面了解模糊数学与模糊系统理论、应用及交叉融合的最新发展提供重要的参考。

第十七届中国模糊数学与模糊系统学术会议的顺利召开得到了主办、承办及协办单位的大力支持，也得到了大会程序委员会和组织委员会各位专家、教授的大力支持，同时论文的审稿及编辑人员为之付出了辛勤的劳动。在此，对给予本次大会支持和帮助的单位和个人表示衷心的感谢。

第十七届中国模糊数学与模糊系统学术会议组织委员会

2014年8月

# 目　录

# 格序 Kent 收敛空间与格序极限空间

王　凯,方进明
(中国海洋大学 数学科学学院,山东 青岛 266100)

**摘　要**:这篇文章以格序滤子为工具,提出了格序 Kent 收敛空间和格序极限空间的概念,建立了对应的空间范畴.研究结果表明它们与已知的范畴(包括格序收敛空间范畴,预拓扑的格序收敛空间范畴)构成反射链.最后证明了这两个新定义的格序 Kent 收敛空间范畴和格序极限空间范畴都是笛卡尔闭的.

**关键词**:格序 Kent 收敛空间;格序极限空间;反射子范畴;拓扑范畴;笛卡尔闭
**中图分类号**:O159　　　　**文献标志码**:A

# The $L$-ordered Kent Convergence Spaces and $L$-ordered Limit Spaces

WANG Kai, FANG Jinming
(Department of Mathematics, Ocean University of China, Qingdao 266100, China)

**Abstract**: In this paper, with the tool of $L$-ordered filters, we propose the concept of $L$-ordered Kent convergence spaces and $L$-ordered limit spaces. And we establish the corresponding two categories. It is shown by results of the paper that two categories and known categories (the category of $L$-ordered convergence spaces, the category of $L$-ordered pretopological convergence spaces) compose reflective chain. Finally, it is proved that the category of $L$-ordered Kent convergence spaces and the category of $L$-ordered limit spaces are Cartesian closed.

**Key words**: $L$-ordered Kent convergence space; $L$-ordered limit space; reflective subcategory; topological category; cartesian closed

---

**基金项目**:国家自然科学基金(11201437);山东省自然科学基金(ZR2011AQ010);高等学校博士学科点专项科研基金(20110132120014);中央高校基本科研业务费(201213010)
**作者简介**:王凯(1988—),男,硕士研究生;方进明(1961—),男,教授。

## 1 引言[1-7]

从范畴论的观点,为了克服拓扑空间范畴的非笛卡尔闭性,拓扑学引入了广义收敛空间的概念,并建立了广义收敛空间范畴(记作 GConv).GConv 是笛卡尔闭的,且它不仅把拓扑空间范畴(记作 Top)作为子范畴,还将 Kent 收敛空间、极限空间、Choquet 收敛空间、预拓扑空间等空间范畴(分别记作 KConv,Lim,PsTop 和 PrTop)作为子范畴. 而且 GConv ⊇ KConv ⊇ Lim ⊇ PsTop ⊇ PrTop ⊇ Top 构成所谓的反射链. 这些包括 Top 在内的各种空间范畴构成了经典收敛理论的主要部分.

受模糊集理论的影响,格值收敛理论有许多重要的进展(可以参见文献[1],[4],[5-7]).其中比较而言,文献[5-7]提出的格值收敛结构更加强调逻辑值格上的逻辑结构的介入,也更加强调格值收敛结构与基于逻辑结构的格值幂集上多值包含关系的相容性. 正是基于这种思想,本文第二作者和李令强分别在文献[5-6]和[7]中提出了格序收敛空间($L$-ordered convergence spaces)和预拓扑的格序收敛空间的概念. 但和经典的收敛理论比较,格序 Kent 收敛空间和格序极限空间的概念及主要性质有待提出和发现. 本文的目的就是回答上述有待探索的问题. 具体地,我们以格序滤子为工具,提出了格序 Kent 收敛空间和格序极限空间的概念,建立了对应的空间范畴. 研究结果表明本文的空间范畴和文献[5-7]中已有的范畴恰好构成反射链. 特别地,当 $L$ 是完备 Heyting 代数时,格序 Kent 收敛空间范畴与格序极限空间范畴是笛卡尔闭的.

## 2 预备

一般地,本文用 $L$ 记完备剩余格[2],$\otimes$代表张量积,$\to$记为$\otimes$对应的蕴含运算. 关于完备剩余格有下列结论.

**引理 2.1**[2] 设 $L$ 是完备剩余格. 对于任意 $a,b,c,d\in L$, $\{a_i \mid i\in I\}$ 下列条件成立:

(1) $a\otimes b\leqslant c \Leftrightarrow a\leqslant (b\to c)\Leftrightarrow b\leqslant (a\to c)$;

(2) $a\to(b\to c)=b\to(a\to c)=(a\otimes b)\to c$;

(3) $(a\to b)\otimes(b\to c)\leqslant(a\otimes c)\to(b\otimes d)$, $(a\to b)\wedge(b\to c)\leqslant(a\wedge c)\to(b\wedge d)$;

(4) $a\to(\bigwedge_{i\in I}a_i)=\bigwedge_{i\in I}(a\to a_i)$, $(\bigvee_{i\in I}a_i)\to b=\bigwedge_{i\in I}(a_i\to b)$.

对于集合 $X$,$X$ 上的 $L$-子集全体记为 $L^X$,$L^X$ 关于 $L$ 在 $L^X$ 的点态扩张运算构成完备剩余格. $L^X$ 上又可引入 $L$-包含关系 $S(-,-):L^X\times L^X\to L$ 其意义为 $S(U,V)=\bigwedge_{i\in I}(U(x)\to V(x))$ $(U,V\in L^X)$,值 $S(U,V)$ 解释为 $U$ 包含于 $V$ 的程度值. 本文称 $L^X$ 上的 $L$-子集为 $X$ 上的 $L$-集族,常记作 $A,B,C\cdots$. $X$ 上的 $L$-集族 $A$ 称作非空的是指 $\bigvee_{D\in L^X}A(D)=1$,称作有限的是指 Supp A 为有限集族. $X$ 上的 $L$-集族全体记作$[L^X,L]$,其上可以定义 $S_{L^X}:[L^X,L]\times[L^X,L]\to L$,其意义为 $S_{L^X}(A,B)=\bigwedge_{D\in L^X}(A(D)\to B(D))$(其中 $A,B\in[L^X,L]$). 利用[6]中例子 2.2 知,对每个 $L$-子集族 $R:L^X\to L$ 关于 $S(-,-)$ 的 $\inf R$ 存在,具体为 $\inf R=\bigwedge_{D\in L^X}(R(D)\to D)$. 由引理 2.1,易证下面引理 2.2 成立.

**引理 2.2** 设 $X$ 为集合,映射 $P(-):L^X\to L$. 若 $P(-)=S(A,-)$,则 $P(-)$ 保任意交(即,对 $L$-子集族 $R:L^X\to L$,有 $P(\inf R)=S_{L^X}(R,P(-))$ 成立.

**定义 2.3**[5] 设 $X$ 为非空集合. 若映射 $F:L^X\to L$ 满足条件:(F0) $F(0_X)=0$;(OF2)对 $X$ 上的任意有限集族 $R:L^X\to L$,有 $S_{L^X}(R,F)=F(\inf R)$ 成立;则称 $F$ 为格序滤子.

$X$ 上的全体格序滤子记为 $OF_L(X)$,全体格序滤子族记为 $[OF_L(X),L]$,其上可以定义 $L$-包含关系 $S_F(A,B)=\bigwedge_{F\in OF_L(X)}(A(F)\to B(F))$(其中 $A,B\in[OF_L(X),L]$). 同上,对于每个非空滤子族 $A:OF_L(X)\to L$ 关于 $S_{L^X}$ 的 $\inf A$ 存在,具体为 $\inf A=\bigwedge_{F\in OF_L(X)}(A(F)\to F)$. 对任意指定的 $F,G\in OF_L(X)$ 和满足 $\alpha\vee\beta=1$ 的 $L$ 中元 $\alpha,\beta$,构造 $L$-滤子族 $A:OF_L(X)\to L$ 使得 $A=\dfrac{\alpha}{F}+\dfrac{\beta}{G}$. 本文记 $D(F,G)=\left\{\dfrac{\alpha}{F}+\dfrac{\beta}{G}\mid\alpha,\beta\in L,\alpha\vee\beta=1\right\}$, $D_1(F,[x])=\left\{\dfrac{1}{F}+\dfrac{\alpha}{[x]}\mid\alpha\in L\right\}$.

**定义 2.4**[5,6] (1)设 $X$ 为非空集合. 若映射 $\lim:OF_L(X)\to L^X$ 满足条件:

(L1) $\forall x\in X,\lim[x](x)=1$;(OL2) $\forall F,G\in OF_L(X),S_{L_x}(F,G)\leqslant S(\lim F,\lim G)$;

(2)若格序收敛结构 lim 满足条件:(LP) $\lim F(x)=\bigwedge_{A\in L^X}U^x(A)\to F(A)$,其中 $U^X(A)=\bigwedge_{F\in OF_L(X)}\lim F(x)\to F(A)$ 是邻域滤子,则称 lim 为预拓扑的格序收敛结构,称偶对 $(X,\lim)$ 为预拓扑的格序收敛空间. $X$ 上的预拓扑的格序收敛结构全体记为 $\lim_P(X)$.

定义 $X$ 上格序收敛结构的序关系如下:$\lim_1\leqslant\lim_2\Leftrightarrow\forall F\in OF_L(X),x\in X,\lim_2F(x)\leqslant\lim_1F(x)$ 易得 $(\lim(X),\leqslant)$ 的最大元与最小元,分别记作 $\lim^1,\lim^2$,其意义为:$\forall F\in OF_L(X),x\in X,\lim^1F=1_X,\lim^2F(x)=S_{L^X}([x],F)$. 可得如下结论.

**引理 2.5**[5] $(\lim(X),\leqslant)$ 为完备格.

**定义 2.6** 设 $(X,\lim^X),(Y,\lim^Y)$ 是格序收敛空间,$f:X\to Y$ 是映射. 如果 $f$ 满足:$\forall F\in OF_L(X),x\in X,\lim^XF(x)\leqslant\lim^Yf^{\to}(F)(f(x))$,则称 $f$ 是连续的.

格序收敛空间与预拓扑的格序收敛空间及相应的连续映射构成的范畴分别记为 $L$-OCS,$L$-OPrTop. 用引理 2.1 和引理 2.2 易证下面引理 2.7 成立.

**引理 2.7** 设 $(X,\lim)$ 是格序收敛空间. 则 $(X,\lim)$ 为预拓扑的格序收敛空间的充要条件为它保任意交(即 $\lim_x\inf A=S_{L^X}(A,\lim_x)$),其中 $x\in X$,$A$ 为非空滤子族.

**引理 2.8**[5] 格序收敛空间范畴是拓扑范畴,且当 $L$ 是完备 Heyting 代数时为笛卡尔闭的.

## 3 格序 Kent 收敛空间和格序极限空间的概念与主要性质

本节在文献[5-7]提出的格序收敛空间的基础上,提出了格序 Kent 收敛空间和格序极限空间的概念,并研究了其对应的空间范畴的反射关系.

**定义 3.1** (1)格序收敛空间 $(X,\lim)$ 称为格序 Kent 收敛空间,如果满足下列条件:

(OL3w) $\forall F\in OF_L(X),x\in X,A\in D_1(F,[X]),\lim_x\inf A=S_F(A,\lim_x)$

(2)格序收敛空间 $(X,\lim)$ 称为格序极限空间,如果满足下列条件:

(OL3) $\forall F,G\in OF_L(X),x\in X,A\in D(F,G),\lim_x\inf A=S_F(A,\lim_x)$. $X$ 上的格序 Kent 收敛结构全体记为 $(X,\lim_K(X))$,$X$ 上的格序极限结构全体记为 $(X,\lim_L(X))$.

**例 3.2** (1)设 $X$ 为非空集. 定义 $X$ 上的格序 Kent 收敛结构具体为 $\lim F(x)=S_{L_X}([x],F)$ 易证 lim 满足(L1),(OL2). 利用引理 2.2 容易验证(OL3w),(OL3)成立.

(2)(文献[5]中例子 4.9)设 $X=\{x,y\}$,链 $L=\{0,a,1\}$. 我们定义 $X$ 上的结构如下:

$\forall F\in OF_L(X)$,$x\in X$,若 $F\geqslant[x]$,$\lim F(x)=1$,否则 $\lim F(x)=0$,易证$(X,\lim)$.为满层 $L$-Kent 收敛空间,但它不是定义 3.1(1)意义下的格序 Kent 收敛空间.因此,本文提出的格序 Kent 收敛空间与此前文[4]提出的满层 $L$-Kent 收敛空间不同.

格序 Kent 收敛空间范畴与格序极限空间范畴作为格序收敛空间范畴的满子范畴分别记为 $L$-OKCS,$L$-Olim.利用文献[5]中引理 5.4 的思想易得下面定理 3.3 成立.

**定理 3.3** (1)$L$-OKCS 为 $L$-OCS 的同构闭的满子范畴;(2)$L$-Olim 为 $L$-OKCS 的同构闭的满子范畴;(3)$L$-OPrTop 为 $L$-Olim 的同构闭的满子范畴.

由引理 2.5 知,偏序集$(\lim(X),\leqslant)$是为完备格,其上的序关系在 $X$ 上格序 Kent 收敛结构的限制作为格序 Kent 收敛结构的序关系,易知,全体 $X$ 上格序 Kent 收敛结构$(\lim_K(X),\leqslant)$构成偏序集.同理可得相应的格序极限结构全体$(\lim_L(X),\leqslant)$和预拓扑的格序收敛结构全体$(\lim_P(X),\leqslant)$上的序关系且都构成偏序集,从而有下面引理 3.4.

**引理 3.4** $(\lim_K(X),\leqslant)$,$(\lim_L(X),\leqslant)$和$(\lim_P(X),\leqslant)$都是完备格.

由引理 2.1,定义 2.4 和定义 3.1 易证下面引理 3.5 成立.

**引理 3.5** 设$(X,\lim^X)$是一个格序 Kent 收敛空间(相应地,格序极限空间,预拓扑的格序收敛空间),$f:Y\to X$ 为映射.若映射$f^{\leftarrow}(\lim^X):OF_L(X)\to L^Y$ 如下 $\forall F\in OF_L(X)$,$x\in X$,$f^{\leftarrow}(\lim^X)F(y)=\lim^X f^{\Rightarrow}(F)(f(y))$,那么$f^{\leftarrow}(\lim^X)$是一个格序 Kent 收敛结构(相应地,格序极限结构,预拓扑的格序收敛结构).

由上面的两个引理 3.4 和引理 3.5,可得如下主要结论.

**定理 3.6** (1)$L$-OKCS 不仅是 $L$-OCS 的反射子范畴,还是 $L$-OCS 的余反射子范畴;

(2)$L$-Olim 是 $L$-OKCS 的反射子范畴;

(3)$L$-OPrTop 是 $L$-Olim 的反射子范畴.

证明:(1)(i)证明 $L$-OKCS 是 $L$-OCS 的余反射子范畴.设$(X,\lim)$是格序收敛空间,$(Y,\lim^Y)$是格序 Kent 收敛空间.定义映射 $\lim^*:OF_L(X)\to L^X$ 为 $\lim^*F(x)=\lim_x\inf A=\lim(F\wedge[x])(x)$,其中 $A=\dfrac{1}{F}+\dfrac{1}{[x]}$首先证明$(X,\lim^*)$是格序 Kent 收敛空间.需验证:(L1)$\lim^*[x](x)=\lim[x](x)=1$.

(OL2)$\forall F,G\in OF_L(X)$,$x\in X$,利用定义 2.4 可得下面推理成立:$\lim^*F(x)\to\lim^*G(x)=\lim(F\wedge[x])(x))\to\lim(G\wedge[x])(x)\geqslant\lim F(x)\to\lim G(x)\geqslant S_{L^X}(F,G)$.

(oL3w)$\forall B\in D_1(F,[x])$易证 $\inf B\wedge[x]=F\wedge[x]$成立,从而 $\lim^*\inf B(x)=\lim_x(\inf B\wedge[x])=\lim_x(F\wedge[x])=S_F(B,\lim_x)$成立.

其次,由 lim 保序知,$\lim^*F(x)=\lim(F\wedge[x])(x)\leqslant\lim F(x)$,即,$id_X:(X,\lim^*)\to(X,\lim)$为格序收敛空间范畴中的态射.当$f:(Y,\lim^Y)\to(X,\lim)$为连续时,$f:(Y,\lim^Y)\to(X,\lim^*)$必连续.这是因 $\lim^*f^{\Rightarrow}(F)(f(x))=\lim(f^{\Rightarrow}(F)\wedge[f(x)])(f(x))=\lim f^{\Rightarrow}(F\wedge[x])(f(x))\geqslant\lim^Y(F\wedge[x])(x)=\lim^YF(x)$.

(ii)证明 $L$-OKCS 是 $L$-OCS 的反射子范畴.设 $\lim_0$ 为 $X$ 上的格序收敛结构,用 $E_{\lim}$记使得 $\lim\leqslant\lim_0$ 成立的全体格序 Kent 收敛结构 lim.定义映射 $\lim_*$ 为 $\forall F\in OF_L(X)$,$x\in X$,$\lim_*F(x)=\bigwedge_{\lim\in E_{\lim_0}}\lim F(x)$.由引理 2.4 可知,$\lim_*$ 为格序 Kent 收敛结构.由 $\lim_*$ 定义知,$\lim_0F$

$(x)\leqslant \lim_* F(x)$ 成立，即，$id_X:(X,\lim_0)\to(X,\lim_*)$ 连续. 设 $(Y,\lim^Y)$ 为格序 Kent 收敛空间. 若 $f:(X,\lim_0)\to(Y,\lim^Y)$ 连续，则 $f^{\leftarrow}(\lim^Y)F(x)=\lim^Y f(F)(f(x))\geqslant \lim_0 F(x)$. 由引理 2.5 可得 $f^{\leftarrow}(\lim^Y)$ 为格序 Kent 收敛结构，从而可知 $f^{\leftarrow}(\lim^Y)\in E_1\mathrm{im}_0$. 又因 $\lim_* F(x)\leqslant f^{\leftarrow}(\lim^Y)F(x)$ 成立，所以 $f:(X,\lim_*)\to(Y,\lim^Y)$ 连续. 通过上述证明知，$(X,\lim_*)$ 是 $(X,\lim_0)$ 的反射对象. 利用(ii)的方法类似可证(2)和(3).

通过定理 3.6，我们认识到本文建立的若干收敛空间范畴与已知格序的空间范畴也如经典的收敛空间范畴一样构成相应的反射链（$L\text{-OCS}\overset{r.c.}{\supseteq}L\text{-OKCS}\overset{r.}{\supseteq}L\text{-Olim}\overset{r.}{\supseteq}L\text{-OPrTOP}$），并且利用引理 2.8 可得如下结论.

**推论 3.7** $L$-OKCS（相应地，$L$-Olim，$L$-OPrTop）为拓扑范畴.

## 4 格序 Kent 收敛空间和格序极限空间的笛卡尔闭性

本节总假设 $L$ 是完备 Heyting 代数，思路是利用引理 2.8，证明格序 Kent 收敛空间范畴与格序极限空间范畴的笛卡尔闭性. 首先我们引入下面两个引理.

**引理 4.1**[3] 设范畴 **C** 是笛卡尔闭的，范畴 **D** 是范畴 **C** 子范畴. 若 **D** 在 **C** 中反射且反射函子保持有限积，那么 **D** 对 **C** 中有限乘积和幂对象封闭，即 **D** 为笛卡尔闭的.

**引理 4.2**[5] 设 $X,Y$ 为非空集，$\lim_1,\lim_2\in\lim_K(X)$，$\lim_3,\lim_4\in\lim_K(Y)$，若 $\lim_1\leqslant\lim_2$，$\lim_3\leqslant\lim_4$ 成立，则 $\lim_1\times\lim_3\leqslant\lim_2\times\lim_4$.

应用引理 4.1，引理 4.2 可以证明下面定理.

**定理 4.3** $L$-OKCS（相应地，$L$-Olim）为笛卡尔闭的.

证明：首先，利用引理 2.8 得，格序收敛空间范畴是拓扑范畴且为笛卡尔闭的；由定理 3.3，格序 Kent 收敛空间范畴为格序收敛空间范畴的同构闭的满子范畴；并且利用定理 3.6，格序 Kent 收敛空间范畴为格序收敛空间范畴的反射子范畴. 为证格序 Kent 收敛空间范畴为笛卡尔闭的，利用引理 4.1 的结论，只需证明格序 Kent 收敛空间范畴的反射子保有限乘积，即，我们只需验证 $(\lim^X\times\lim^Y)_*=\lim^X_*\times\lim^Y_*$ 成立，其中 $(X,\lim^Y_*)$（相应地，$(Y,\lim^Y_*)$）为格序收敛空间 $(X,\lim^X)$（相应地，$(Y,\lim^Y_*)$）的反射对象. 运用文献[5]中定理 5.5 的方法和引理 4.2，可以证明 $(\lim^X\times\lim^Y)_*=\lim^X_*\times\lim^Y_*$）成立. 综上可知，格序 Kent 收敛空间范畴为笛卡尔闭的.

类似可证格序极限空间范畴也为笛卡尔闭的.

## 参考文献


[1] LOWEN R. Convergence in fuzzy topological space[J]. General Topology and Application, 1979, 10: 147-160.

[2] 方进明，剩余格与模糊集[M]. 北京：科学出版社，2012.

[3] ADÁMEK J, HERRLICH H, STRECKER G E. Abstract and Concrete Categories[M]. New York: Wiley, 1990.

[4] JÄGER G. A category of $L$-fuzzy convergence spaces[J]. Quaestiones Math, 2001, 24: 501-518.

[5] FANG J M. Stratified $L$-ordered convergence structures[J]. Fuzzy Sets and Systems, 2010, 161:2130-2149.

[6] FANG J M. Relationship between $L$-ordered convergence structures and strong $L$-topologies [J]. Fuzzy Sets and Systems, 2010, 161:2923-2944.

[7] LI L, JIN Q. On adjunctions between Lim, $SL$-Top and $SL$-Lim[J]. Fuzzy Sets and Systems, 2011, 182:66-78.

# $L$-偏序集上相容 $L$-子集的表现定理

李友燕，方进明

（中国海洋大学 数学科学学院，山东 青岛 266100）

**摘 要**：本文在 $L$-偏序集上，提出了相容 $L$-子集，相容 $L$-集合套及相容强 $L$-集合套的概念. 以相容 $L$-集合套和相容强 $L$-集合套为工具，成功建立了 $L$-偏序集上相容 $L$-子集的两个表现定理.

**关键词**：$L$-偏序集；相容 $L$-子集；相容 $L$-集合套；相容强 $L$-集合套；表现定理

**中图分类号**：O159　　　　**文献标志码**：A

# Representation Theorem of Compatible $L$- subsets on an $L$- poset

LI Youyan, FANG Jinming

(School of Mathematical Sciences, Ocean University of China, Qingdao 266100, China)

**Abstract**: In this paper, the concepts of compatible $L$-subsets, compatible $L$-nested systems and compatible strong $L$-nested systems are proposed on an $L$-poset. Then with the tool of compatible $L$-nested systems and compatible strong $L$-nested systems, we successfully establish two new representation theorem of $L$-subsets on an $L$-poset.

**Keywords**: $L$ - poset; compatible $L$ - subsets; compatible $L$ - nested systems; compatible strong $L$-nested systems; representation theorem

## 1 引言

1983 年，Luo[1] 首先提出了集合套的概念，并且给出了 $L$-子集的表现定理（其中 $L=[0,$

**基金项目**：国家自然科学基金（NO. 11201437），山东省自然科学基金（ZR2011AQ010），高等学校博士学科点专项科研基金（20110132120014），中央高校基本科研业务费（201213010）

**作者简介**：李友燕（1989—），女，硕士研究生，研究方向：格上拓扑与非经典推理；方进明（1961—），男，教授，研究方向：格上拓扑与非经典推理。

1]). 后来,Zhang[2],Shi[3],R. Bělohlávek[4]进一步研究了基于不同形式的集合套的 $L$-子集表现定理. 值得注意的是,Xiong[5],Fang 和 Han[6]在 $L$ 是完备格的条件下,用不同的工具,给出了 $L$-子集的表现定理. 这些 $L$-子集的表现定理有一个公共的特点:论域 $X$ 仅仅是集合,不具有任何其他的数学结构. 但在模糊数学的许多领域,如在格值拓扑学中,论域 $X$ 经常被赋予 $L$-偏序结构 $P$. 因此,$L$-子集表现为 $L$-偏序集$(X,P)$到 $L$ 的映射,这里 $L$ 一般是完备剩余格.

一般地,$L$-子集的表现定理是模糊集理论中核心内容之一. 但我们发现定义在 $L$-偏序集上的 $L$-子集表现定理有待研究和明确. 方进明在著作[8]中,给出了定义在 $L$-近似论域上相容 $L$-子集的表现定理. 受此思想的影响和启发,本文提出了 $L$-偏序集上相容 $L$-子集,相容 $L$-集合套及相容强 $L$-集合套的概念,借助于文[8]中的表现定理,成功建立了 $L$-偏序集上相容 $L$-子集的两个表现定理.

## 2 预备

本文不区分 $X$ 的子集及对应的特征函数,并且总假设 $L$ 是完备剩余格,$\otimes$代表 $L$ 上的张量积,$\to$记为$\otimes$对应的蕴含运算. $X$ 上所有 $L$-子集记作 $L^X$,对任意的 $a\in L,A\in L^X$,$A$ 的 $a$-截集记作 $A_a=\{x\in X|A(x)\geqslant a\}$,$A$ 的 $a$-强截集记作 $A^{(a)}=\{x\in X|A(x)\not\leqslant a\}$.

**定义 2.1**[7] 设 $X$ 为非空集合,$P:X\times X\to L$ 为映射. 若 $P$ 满足:

$P(x,x)=1,P(x,y)=P(y,x)=1\Rightarrow x=y,P(x,y)\otimes P(y,z)\leqslant P(x,z)$,

则称 $P$ 为 $L$-偏序关系,序对$(X,P)$称作 $L$-偏序集. $P$ 作为 $X$ 上的 $L$-偏序关系,其诱导出 $X$ 上的偏序"$\leqslant_P$"意义如下:对任意 $x,y\in X,x\leqslant_P y$ 当且仅当 $P(x,y)=1$.

**定义 2.2**[8] 设 $H:L\to P(X)$是映射,$X$ 是非空集. 若 $H$ 满足:

(LH1)对 $a,b\in L,(a\leqslant b)\Rightarrow(H(b)\subseteq H(a))$成立;

(LH2)对 $x\in X$,$L$ 的子集$\{a\in L|x\in H(a)\}$非空且总有最大元,则称 $H$ 是 $X$ 上的 $L$-集合套. $X$ 上 $L$-集合套的全体记作 $H_L(X)$.

**定义 2.3**[8] 设 $G:L\to P(X)$是映射. 若 $G$ 满足:

(LG1)对 $a,b\in L,(a\leqslant b)\Rightarrow(G(b)\subseteq G(a))$成立;

(LG2)对 $x\in X$,$L$ 的子集$\{a\in L|x\notin G(a)\}$非空且总有最小元,则称 $G$ 是 $X$ 上的强 $L$-集合套. $X$ 上强 $L$-集合套的全体记作 $G_L(X)$.

**定理 2.4**[8] 若定义 $C:H_L(X)\to L^X$ 如下:对 $H\in H_L(X)$,$C(H):=\bigvee_{a\in L}(a\wedge H(a))$则对每个 $b\in L$,$C(H)_b=H(b)$.

**定理 2.5**[8] 若定义 $K:G_L(X)\to L^X$ 如下:对 $G\in G_L(X)$,$K(G):=\bigwedge_{a\in L}(a\vee G(a))$则对每个 $b\in L$,$K(G)^{(b)}=G(b)$.

**定理 2.6**[8] 设 $X$ 是非空集. 则对每个 $L$-子集 $A$,$A=\bigwedge_{a\in L}(\mathrm{a}\vee A_{\mathrm{a}})=\bigvee_{a\in L}(\mathrm{a}\vee A^{(\mathrm{a})})$成立.

## 3 基于相容 $L$-集合套的相容 $L$-子集表现定理

在本节中,我们引入相容 $L$-子集,相容 $L$-集合套的定义,给出了相容 $L$-集合套的例子,然后,提出了基于相容 $L$-集合套的相容 $L$-子集表现定理.

**定义 3.1** 设$(X,P)$是 $L$-偏序集,$A\in L^X$. 若 $A$ 满足:对任意 $x,y\in X$,$A(x)\otimes P(x,y)\leqslant A(y)$,则称 $A$ 是 $X$ 上关于 $P$ 相容的 $L$-子集,记全体如上 $A$ 为 $L^{(X,P)}$.

定义 $L(X,P)$上的偏序"$\leqslant_{L^X}$"为:$\forall A,B\in L(X,P)$,$A\leqslant_{L^X}B\Leftrightarrow\forall x\in X,A(x)\leqslant B(x)$.

**定义 3.2** 设$(X,P)$是 $L$-偏序集,$H:L\to P(X)$是 $L$-集合套. 若 $H$ 满足:

$$\forall x,y\in X,\ \forall a\in L,(x\in H(a))\Rightarrow(y\in H(a\otimes P(x,y))),$$

则称 $H$ 关于 $P$ 是相容的,记全体关于 $P$ 相容的 $L$-集合套为 $H_L(X,P)$.

下面给出一个相容 $L$-集合套的例子.

**例 3.3** 设 $A\in L^{(X,P)}$,定义映射 $H_A:L\to P(X)$使得对 $a\in L$,$H_A(a)=A_a$. 则 $H_A:L\to P(X)$是一个相容 $L$-集合套的典型例子,常称其为相容 $L$-子集 $A$ 诱导的相容 $L$-集合套. 事实上,易证 $H_A$ 是一个 $L$-集合套[8]. 又由于 $A\in L^{(X,P)}$,故 $H_A$ 满足:对任意 $x,y\in X,a\in L$,$(x\in H_A(a))\Rightarrow(y\in H_A(a\otimes P(x,y))$成立.

定义 $H_L(X,P)$上的偏序"$\leqslant_H$"为:$\forall H,G\in H_L(X,P)$,$H\leqslant_H G\Leftrightarrow\forall a\in L,H(a)\subseteq G(a)$则 $H_L(X,P)$有最小元 $\underline{H}:L\to P(X)$,其定义为:当 $a=0$ 时,$\underline{H}(a)=X$;当 $a\neq 0$ 时,$\underline{H}(a)=\varnothing$. 最大元 $\bar{H}$ 定义为:$\forall a\in L,\bar{H}(a)=X$.

设$\{H_t\}_{t\in T}\subseteq H_L(X,P)$,这时$\{H_t\}_{t\in T}$关于"$\leqslant_H$"的上、下确界为:

$$(\wedge_{t\in T}H_t)(a)=\cap_{t\in T}H_t(a),(\vee_{t\in T}H_t)=\wedge\{H\in H_L(X)\mid\forall t\in T,H_t\leqslant_H H\}$$

因此,我们有如下命题.

**命题 3.4** 若$(X,P)$是 $L$-偏序集,则$(L^{(X,P)},\leqslant_{L^X})$,$(H_L(X,P),\leqslant_H)$为完备格.

**引理 3.5** 设$(X,P)$是 $L$-偏序集,$H\in H_L(X)$. 则 $H$ 关于 $P$ 是相容的当且仅当 $C(H)$关于 $P$ 是相容的.

证明:首先我们证明必要性. 设 $H$ 关于 $P$ 是相容的. 利用$\otimes$关于$\vee$的分配性可知,对任意 $x,y\in X$,下列不等式成立:

$$\begin{aligned}C(H)(x)\otimes P(x,y)&=\vee_{a\in L}(a\wedge H(a))(x)\otimes P(x,y)=\vee\{a\in L\mid x\in H(a)\}\otimes P(x,y)\\&=\vee\{a\otimes P(x,y)\mid x\in H(a)\}\leqslant\vee\{a\otimes P(x,y)\mid y\in H(a\otimes P(x,y))\}\leqslant\\&\quad\vee\{b\in L\mid y\in H(b)\}=\vee(b\wedge H(b))(y)=C(H)(y).\end{aligned}$$

其次是验证充分性. 设 $C(H)$关于 $P$ 是相容的. 为证充分性,任取 $x,y\in X$. 当 $x\in H(a)$时,$C(H)(x)=\vee\{b\in L\mid x\in H(b)\}\geqslant a$ 从而借助于 $C(H)$相容知,$a\otimes P(x,y)\leqslant C(H)(x)\otimes P(x,y)\leqslant C(H)(y)$成立,即,$y\in C(H)_{a\otimes P(x,y)}=H(a\otimes P(x,y))$.

接下来,定理 3.6 是本节的主要结果,证明了基于相容 $L$-集合套的相容 $L$-子集表现定理.

**定理 3.6** 设$(X,P)$是 $L$-偏序集. 则 $H_L(X,P)$与 $L^{(X,P)}$格同构,即:

$$(H_L(X,P),\wedge,\vee)\cong(L^{(X,P)},\wedge,\vee)$$

证明:定义 $C:H_L(X,P)\to L^{(X,P)}$使得对任意 $H\in H_L(X,P)$,$C(H)=\vee_{a\in L}a\wedge H(a)$利用引理 3.5 可知,$C$ 的确是 $H_L(X,P)$到 $L^{(X,P)}$的映射. 为证 $H_L(X,P)$与 $L^{(X,P)}$格同构,只需验证 $C$ 为满的序嵌入. 首先验证,$C$ 为满射.

对任意 $A\in L^{(X,P)}$,利用例 3.3 知,$H_A\in H_L(X,P)$. 由定理 2.6 知,$C(H_A)=A$. 故 $C$ 为

满射.

其次,证明映射 $C$ 为序嵌入.

(1)设 $H,G\in H_L(X,P)$,满足 $H\leqslant_H G$. 则对任意 $a\in L,H(a)\subseteq G(a)$. 由对任意 $x\in X$,下面式子成立:$C(H)(x)=\bigvee\{a\in L|x\in H(a)\}\leqslant\bigvee\{b\in L|x\in G(b)\}=C(G)(x)$. 从而,$C(H)\leqslant_{L^X}C(G)$.

(2)设 $H,G\in H_L(X,P)$,$C(H)\leqslant_{L^X}C(G)$. 则对任意的 $x\in X,C(H)(x)\leqslant C(G)(x)$,等价地,$\bigvee\{a\in L|x\in H(a)\}\leqslant\bigvee\{b\in L|x\in G(b)\}$. 从而,对任意 $c\in L$,当 $x\in H(c)$ 时,则 $c\leqslant\bigvee\{a\in L|x\in H(a)\}\leqslant\bigvee\{b\in L|x\in G(b)\}$. 利用 G 为 $L$-集合套知,$\{b\in L|x\in G(b)\}$ 有最大元 $t$,满足 $c\leqslant t$. 从而 $x\in G(t)\subseteq G(c)$. 因此,由 $x$ 的任意性知,$H\leqslant_H G$.

综上可知,$H_L(X,P)$ 与 $L(X,P)$ 格同构.

## 4 基于相容强 $L$-集合套的相容 $L$-子集表现定理

本节首先定义了相容强 $L$-集合套,然后给出了相应的例子,最后,作为本节的主要内容,我们提出了基于相容强 $L$-集合套的相容 $L$-子集表现定理.

**定义 4.1** 设$(X,P)$是 $L$-偏序集,$G:L\to P(X)$是强 $L$-集合套. 若 $G$ 满足:$\forall x,y\in X$,$(x\notin G(a))\Rightarrow(y\notin G(P(y,x)\to a))(\forall a\in L)$,则称 $G$ 关于 $P$ 是相容的. 记全体相容强 $L$-集合套为 $G_L(X,P)$.

定义 $G_L(X,P)$上的偏序"$\leqslant_G$"为 $\forall H,G\in G_L(X,P),H\leqslant_G G\Leftrightarrow\forall a\in L,H(a)\subseteq G(a)$,而且可以证明$(G_L(X,P),\leqslant_G)$是完备格.

下面给出相容强 $L$-集合套的例子.

**例 4.2** 设 $A\in L^{(X,P)}$,$G_A$ 是 $A$ 的诱导相容强 $L$-集合套,即 $a\in L$ 时,$G_A(a)=A(a)$,则可以验证 $G_A:L\to P(X)$是相容强 $L$-集合套.

为了得到基于相容强 $L$-集合套的相容 $L$-子集表现定理,先给出以下预备引理.

**引理 4.3** 设$(X,P)$是 $L$-偏序集,$G\in G_L(X)$. 则 $G$ 关于 $P$ 是相容的当且仅当 $K(G)$关于 $P$ 是相容的.

证明:(必要性)设 $K(G)$关于 $P$ 相容. 借助定理 2.5 知,任取 $x,y\in X$,下列不等式成立.

$$\begin{aligned}P(x,y)\to K(G)(y)&=P(x,y)\to\textstyle\bigwedge_{a\in L}(a\vee G(a))(y)=P(x,y)\to\bigwedge\{a\in L|y\notin G(a)\}\\&=\bigwedge\{P(x,y)\to a|y\notin G(a)\}\geqslant\bigwedge\{P(x,y)\to a|x\notin G(P(x,y)\to a)\}\geqslant\\&\quad\bigwedge\{b\in L|x\notin G(b)\}=\bigwedge(b\vee G(b))(x)=K(G)(x),\end{aligned}$$

即,$K(G)(x)\otimes P(x,y)\leqslant K(G)(y)$,故 $K(G)$关于 $P$ 相容.

(充分性)设 $x,y\in X$. 当 $x\notin G(a)$ 时,有 $K(G)(x)=\bigwedge_{a\in L}(a\vee G(a))(x)=\bigwedge\{a\in L|x\notin G(a)\}\leqslant a$,从而,利用 $K(G)$关于 $P$ 相容性可知,$K(G)(y)\leqslant P(y,x)\to K(G)(x)\leqslant P(y,x)\to a$. 故 $y\notin K(G)^{(P(y,x)\to a)}$.

最后,按照定理 3.6 的证明思想,再结合例 4.2,引理 4.3,可以证明本文的另一主要结论,即,基于相容强 $L$-集合套的相容 $L$-子集表现定理.

**定理 4.4** 设 $X$ 是非空集. 则 $G_L(X,P)$ 与 $L^{(X,P)}$ 格同构,即:

$$(G_L(X,P),\wedge,\vee)\cong(L^{(X,P)},\wedge,\vee)$$

## 5 结论

满足若干条件的水平信息系统的表现形式是 $L$–集合套. 表现定理是运用承载了水平信息的 $L$–集合套来界定 $L$–子集的主要方法. 本文给出了基于相容 $L$–集合套和相容强 $L$–集合套的相容 $L$–子集表现定理. 因此,我们预计本文得到的表现定理将会成为借助相容 $L$–集合套和相容强 $L$–集合套来界定相容 $L$–子集的主要方法.

### 参考文献

[1] LUO C Z. Fuzzy sets and nested systems[J],Fuzzy Mathematics,1983,3(4):113–126.

[2] 张文修. 模糊数学基础[M]. 西安交通大学出版社,1984.

[3] SHI F G. Theory of $L\alpha$–nested sets and $L_\beta$–nested sets and applications[J]. Fuzzy Systems and Mathematics,1995,9(4):65–72.

[4] BĚLOHLÁVEK R. Fuzzy relational systems:foundatons and principal[M]. Kluwer Academic Plenum Publishers,2002.

[5] XIONG F L. The representation theorems on complete lattice and their application[J]. Periodical of Ocean University of Qingdao,1998,28(2):339–344.

[6] FANG J M, HAN Y L. A new represention theorem of $L$–sets[J]. Perodical of Ocean University of China,2008,38(6):1025–1028.

[7] FANG J M. Relationships between $L$–ordered convergence structures and strong $L$–topologies [J]. Fuzzy Sets and Systems,2010,161:2923–2944.

[8] 方进明. 剩余格与模糊集[M]. 北京:科学出版社,2012.

# Coherence 空间中的一个 universal 结构

赵浩然，寇 辉

（四川大学 数学学院，四川 成都 610064）

**摘 要**：Coherence 空间是线性逻辑的第一个指称语义模型. 以 coherence 空间为对象，以线性映射为态射构成的范畴（记为 $\mathbf{Coh}_l$）是一个 monoidal 闭范畴. 在本文中，我们通过研究 coherence 空间的线性收缩，证明了以可数 coherence 空间为对象，以线性映射为态射的范畴 $\omega\mathbf{Coh}_l$ 中存在一个 universal 结构：该结构的所有线性收缩恰好是所有的可数 coherence 空间.

**关键词**：coherence 空间；线性收缩；qualitative domain；monoidal 闭范畴

**中图分类号**：0159　　　　**文献标志码**：A

# A universal structure in coherence space

ZHAO Haoran, KOU Hui

(Yangtze Center of Mathematics, College of Mathematics,

Sichuan University, Chengdu 610064, China)

**Abstract**: The category of coherence spaces was the first denotational model for linear logic. The category $\mathbf{Coh}_l$ (coherence spaces as objects, linear functions as morphisms) is a monoidal closed category. In this paper, we investigate the linear retract of coherence space and show that the category $\omega\mathbf{Coh}_l$ (countable coherence spaces as objects, linear functions as morphisms) has a universal structure: the linear retract of this structure is just the countable coherence spaces.

**Key words**: coherence spaces; linear retract; qualitative domain; monoidal closed category

---

**基金项目**：国家自然科学基金项目(11371262)

**作者简介**：赵浩然(1986—)，男，硕士研究生；寇辉(1970—)，男，教授。

## 1 引言

线性逻辑(linear logic)是由 J. Y. Girard[1] 于 1987 年引入的一种重要的逻辑系统,该逻辑覆盖了经典逻辑和直觉逻辑,且有许多经典逻辑和直觉逻辑不具备的优点. Coherence 空间是线性逻辑的第一个指称语义模型. 近年来,线性逻辑和 coherence 空间被很多学者进行了深入的研究,比如,T. Ehrhard[2] 通过推广 coherence 空间引入了 finiteness 空间的概念,并给出了 differential $\lambda$-calculus 的一个语义模型;很多学者也从概率的角度研究 coherence 空间,如 V. Danos 和 T. Ehrhard[3].

1976 年,G. Plotkin[4] 注意到,与 Pω[3] 一样,$T^{\omega}$ 也是一个 universal 结构:$T^{\omega}$ 的所有收缩恰好是所有的 ωCC-domain,并且以所有的 ωCC-domain 为对象,以连续映射为态射构成的范畴是一个 cartesian 闭范畴. 其中"ω"表示这个 domain 有可数基,CC 表示这个 domain 是条件完备的,而 $T=\{0,1,\perp\}$,$T$ 上的序为:$\perp<0,1$,且 0,1 是不相容的,$T^{\omega}$ 表示 $T$ 无限可数次笛卡尔乘积.

在本文中,考虑以可数 coherence 空间为对象,以线性映射(linear function)为态射构成的范畴 $\boldsymbol{\omega}\mathbf{Coh}_1$,此范畴是一个 monoidal 闭范畴. 那么,一个自然的问题就产生了:在这个范畴中是否存在一个 universal 结构? 换句话说,是否存在一个可数 coherence 空间,它的线性收缩恰好是所有的可数 coherence 空间? 本文将证明 $\boldsymbol{\omega}\mathbf{Coh}_1$ 中确实存在一个 universal 结构,从而给出上述问题的一个肯定答案. 另外,本文略去了大部分结论的证明.

接下来,我们介绍一些本文将要用到的定义. 读者也可参考文献[6,7,8]. 一个偏序集 $L$ 称为一个 dcpo 如果 $L$ 中每个定向集在 $L$ 中有上确界. $L$ 的一个子集 $A$ 称为一个有界集如果 $A$ 在 $L$ 中有个上界. 若 $L$ 中两个元素 $x,y$ 是没有上界的,我们记为 $x\#y$,反之我们用 $x\uparrow y$ 表示. 如果 $L$ 的每个有界子集有上确界并且 $L$ 有最小元,此时我们称 $L$ 是有界完备的. 对于 $x,y\in L$,元素 $x$ 称为 way below 元素 $y$(记为 $x\ll y$)如果对于任意定向集 D,$y\leqslant\bigvee D$ 意味着存在 $d\in D$ 使得 $x\leqslant d$. dcpo $L$ 称为一个连续 domain,如果对于所有的 $x\in L$,集合 $\Downarrow x=\{a\in L:a\ll x\}$ 是定向的并且 $x=\bigvee\{a\in L:a\ll x\}$. $k\in L$ 叫做一个紧元,如果 $k\ll k$,令 $K(L)$ 表示 $L$ 中所有的紧元. $L$ 称为代数的,如果 $K(L)\cap\downarrow x$ 是定向的并且 $x=\bigvee(K(L)\cap\downarrow x)$ 对所有的 $x\in L$ 都成立,$L$ 的一个子集 $B\subseteq L$ 称为 $L$ 的一个基. 如果 $B\cap\Downarrow x$ 是定向的并且 $x=\bigvee(B\cap\Downarrow x)$ 对所有的 $x\in L$ 都成立,一个连续的 dcpo 称为 ω-连续的. 如果它有一个可数基,一个代数的 dcpo 称为 ω-代数的,如果它的紧元个数是可数的.

**定义 1.1** $D,E$ 都是 dcpo,$f:D\to E$ 是一个映射.

(1) $f$ 称为 Scott 连续的,如果 $f$ 是单调的并且 $f(\bigvee S)=\bigvee f(S)$ 对于所有的定向集 $S\subseteq D$ 成立.

(2) $f$ 称为一个稳定映射,如果它是 Scott 连续的并且满足:对所有的 $(x,y)\in D\times E$,$y\leqslant f(x)$ 意味着存在一个元素 $m\leqslant x$ 使得

(i) $y\leqslant f(m)$;

(ii) $\forall d\in\downarrow x, y\leqslant f(d)\Rightarrow m\leqslant d$.

特别地,我们记 $m=m(f,x,y)$.

令$[D\to_{st}E]$代表从$D$到$E$的所有的稳定映射. $[D\to_{st}E]$上的稳定序$\leqslant_{st}$是按照如下方式定义的:对所有的$f,g\in[D\to_{st}E]$, $f\leqslant_{st}g$ 当且仅当:

(i)$f\leqslant g$;

(ii) $\forall(x,y)\in D\times E, y\leqslant f(x)\leqslant g(x)\Rightarrow m(f,x,y)=m(g,x,y)$.

(3)假设$D$和$E$都是有界完备的dcpo. $f$叫做一个可加映射,如果

$$f(\perp)=\perp \text{并且}(\forall x,y(x\uparrow y\Rightarrow f(x\vee y)=f(x)\vee f(y))),$$

则一个可加稳定映射$f$称为一个线性映射(linear function). 我们用$[D\to_{lin}E]$表示$D$与$E$之间的所有线性映射,在$[D\to_{lin}E]$上赋予稳定序.

**定义 1.2** $P$、$E$都是是dcpo, $E$称为$P$的一个稳定收缩如果存在稳定映射$i:E\to P$和$j:P\to E$使得$ji=id_E$. 特别地,如果$i$和$j$都是线性映射,此时称$E$是$P$的一个线性收缩.

**定义 1.3** 令$P$是一个dcpo.

(1)如果对于$P$的任意子集$D$,若只要$D$中任意两个元素是有上界的,则$D$有上确界,此时我们称$P$是条件完备的.

(2)若$P$是有界完备的, $P$称为分配的如果对于$a,b,c\in\downarrow d\subseteq P$, $a\wedge(b\vee c)=(a\wedge b)\vee(a\wedge c)$.

(3)若$P$是代数的,称$P$具有性质$I$如果$\downarrow k$是有限的对于所有的$k\in K(P)$成立.

(4)称$P$是一个DI-domain如果$P$是分配的Scott domain并且具有性质$I$.

(5)若$P$是一个条件完备的DI-domain,则称$P$为一个CCDI-domain. 特别地, $P$称为一个ωCCDI-domain,如果$P$是一个CCDI-domain并且有一个可数基.

DI-domain具有非常良好的性质,通过下面的定义可以给出DI-domain的等价刻画.

**定义 1.4** $P$是一个有界完备的dcpo.

(1)$P$中的一个元素$p$称为一个素元如果$p\neq\perp$,并且对于任意有界集$A\subseteq P$, $\leqslant p\vee A$意味着存在$a\in A$使得$p\leqslant a$. 我们用$\mathrm{Pr}(P)$表示$P$中的所有的素元. 在一些文献中,素元也常常被叫做紧余素元.

(2)$P$称为一个素代数domain,如果$x=\vee(\mathrm{Pr}(P)\cap\downarrow x)$对所有的$x\in P$成立.

**定理 1.1** 一个dcpo是一个DI-domain,当且仅当它是一个素代数domain并且具有性质$I$.

## 2 Coherence 空间及其范畴性质

在本章中,我们将介绍coherence空间以及其范畴性质.

**定义 2.1**[7] 一个coherence空间$(E,\frown)$(简称为$E$)包括一个事件集合$E$和一个$E$上的自反的对称的二元关系$\frown$(叫做$E$上的coherence关系). $E$叫做$(E,\frown)$的web. $E$的一个子集, $x$叫做$E$的一个状态,如果它满足:

$$\forall\ e_1,e_2\in x, e_1\frown e_2$$

我们用$D(E)$表示$E$上所有的状态, $D(E)$上的序为包含序. 若一个coherence空间中的事件的个数是可数的,那么此时称此coherence空间为一个可数coherence空间.

从定义我们可以看出, $D(E)$是一个CCDI-domain, $D(E)$的紧元恰是所有的有限状态, $D(E)$

的素元是只包含一个事件的状态. 另外,我们说 coherence 空间 $E$ 是 coherence 空间 $P$ 的线性收缩是指 $D(E)$ 是 $D(P)$ 的线性收缩.

**定义 2.2**[7] 我们记 $\mathrm{Coh}_l$ 为以所有的 coherence 空间为对象,以它们状态集之间的线性映射为态射构成的范畴,即:

$$\mathrm{Coh}_l[E,E']=[D(E)\rightarrow_{\mathrm{lin}} D(E')]$$

类似地,我们记 $\omega\mathrm{Coh}_l$ 为以所有的可数 coherence 空间为对象,以它们状态集之间的线性映射为态射构成的范畴.

下面给出 monoidal 闭范畴的定义,并说明 $\boldsymbol{\omega\mathrm{Coh}_l}$ 为 monoidal 闭范畴.

**定义 2.3**[7] 范畴 C 叫做一个 monoidal 范畴. 如果在 C 上有:

(1)一个函子 $\otimes: C\times C\rightarrow C$,叫做 tensor 乘积;

(2)一个特殊的对象 $I$,叫做 tensor 单位;

(3)自然同构:

$$\alpha: A\otimes(B\otimes C)\rightarrow(A\otimes B)\otimes C$$

$$\iota_l: I\otimes A\rightarrow A$$

$$\iota_r: A\otimes I\rightarrow A$$

并且满足下列 coherence 等式:

$$\alpha\circ\alpha=(\alpha\otimes id)\circ\alpha\circ(id\otimes\alpha)$$

$$(\iota_r\otimes id)\circ\alpha=id\otimes\iota_r$$

**定义 2.4**[7] 一个 monoidal 范畴 $C$ 称为一个 monoidal 闭范畴,若对于 $C$ 中任意对象 $A$,函子 $\lambda C.(C\otimes A)$ 有一个右伴随,记为换句话说,对于任意对象 $A,B$,存在另一个对象(叫做线性指数)和自然双射(任给 $C$):

$$\Lambda_1: C[C\otimes A,B]\rightarrow[C,A\multimap B]$$

范畴 $\mathrm{Coh}_l$ 中的 tensor 乘积和线性指数是按照如下方式定义的:

**定义 2.5**[7] 两个 coherence 空间 $E$ 和 $E'$ 的 tensor 乘积 $E\otimes E'$ 定义如下:$E\otimes E'$ 中的事件是 $(e_1,e_1')$,其中 $e_1\in E, e_1'\in E'$,$E\otimes E'$ 上的关系如下:

$$(e_1,e_1')\frown(e_2,e_2')\Leftrightarrow(e_1\frown e_2)\text{并且}(e_1'\frown e_2')$$

**定义 2.6**[7] 两个 coherence 空间 $E$ 和 $E'$ 的线性指数 $\mathrm{E}\multimap\mathrm{E}$ 定义如下:$\mathrm{E}\multimap\mathrm{E}$ 中的事件是 $(e_1,e_1')$,其中 $e_1\in E, e_1'\in E'$,$\mathrm{E}\multimap\mathrm{E}'$ 上的关系如下:

$$(e_1,e_1')\frown(e_2,e_2')\Leftrightarrow(e_1\frown e_2\Rightarrow(e_1'\frown e_2'\text{并且}(e_1\neq e_2\Rightarrow e_1'\neq e_2')))$$

最后,$\boldsymbol{\mathrm{Coh}_l}$ 中的 tensor 单位为:

$$I=(\{*\},id)$$

这样 $\boldsymbol{\mathrm{Coh}_l}$ 构成一个 monoidal 闭范畴,而在 $\boldsymbol{\omega\mathrm{Coh}_l}$ 中我们也可以做相同的 tensor 乘积和线性指数,$\boldsymbol{\omega\mathrm{Coh}_l}$ 依然是一个 monoidal 闭范畴. 在一般情况下,我们通常要求每个 coherence 空间中的事件个数是可数个的,所以一个很自然的问题就产生了,在范畴 $\boldsymbol{\omega\mathrm{Coh}_l}$ 中是否存在一个"universal"结构,使得它的线性收缩恰好是 $\boldsymbol{\omega\mathrm{Coh}_l}$ 的所有的对象呢?

## 3 Coherence 空间中的 universal 结构

将给出与 coherence 空间等价的 domain 结构，进而通过这种 domain 结构来研究 coherence 空间的线性收缩的性质. 在最后，将给出一个 coherence 空间中的 universal 结构.

给定一个 coherence 空间 $E$，$D(E)$ 是一个 CCDI-domain，$D(E)$ 的素元是只包含一个事件的状态，容易看出假如 $p$ 是 $D(E)$ 中的任意一个素元，则 $p$ 是一个原子，即 $\perp \prec p$. 从而可以定义一类特殊的 DI-domain.

**定义 3.1**[7] 一个 dcpo 称为一个 qualitative domain 如果它是一个 DI-domain 并且它的所有的素元都是是原子.

容易看到，coherence 空间和 qualitative domain 有如下关系.

**命题 3.1** 若 $E$ 是一个 coherence 空间，则 $D(E)$ 是一个条件完备的 qualitative domain. 反过来，若 $D$ 是一个条件完备的 qualitative domain，我们可以在 $\mathrm{Pr}(D)$（原子）上定义 coherence 关系如下：

$$d_1 \frown d_2 \Leftrightarrow d_1 \uparrow d_2,$$

那么 $\mathrm{Pr}(D)$ 的状态集（记为 $D(\mathrm{Pr}(D))$）同构于 $D$.

通过上述性质，可以看到，实际上 coherence 空间和条件完备的 qualitative domain 是等价的. 换句话说，给定一个 coherence 空间 $E$，就可以把 $D(E)$ 看成一个 qualitative domain，而这个 qualitative domain 的素元就是 $E$ 的事件集；$E$ 上的 coherence 关系恰好是 qualitative domain 中的素元之间的相容关系.

**命题 3.2** 任何一个条件完备的 qualitative domain 的线性收缩仍然是条件完备的 qualitative domain.

结合命题 3.1，coherence 空间的线性收缩仍然是一个 coherence 空间，但是这样还远远不够. 上述结论不能完整地给出线性收缩的性质，换句话说，若 coherence 空间 $E$ 是另外一个 coherence 空间 $E'$ 的线性收缩，通过上述结论，我们不能得到 $E$ 与 $E'$ 结构之间的关系. 而结合命题 3.1，3.2 及如下结论，可以很好地描述线性收缩的性质.

**定理 3.1** 设 $E$ 与 $E'$ 都是 coherence 空间，则下述各条等价：

(i) $D(E')$ 是 $D(E)$ 的线性收缩；

(ii) 存在线性映射 $f: D(E') \to D(E)$ 及线性映射 $g: D(E) \to D(E')$ 使得 $gf = id_{D(E')}$，$fg \leqslant id_{D(E)}$；

(iii) 存在 $E$ 与 $E'$ 事件集之间的映射 $\bar{f}: E' \to E$ 与 $\bar{g}: E \to E'$ 满足 $\bar{g}\bar{f} = id_{E'}$，并且对于任意 $e_1, e_2 \in E'$，$e_1 \frown e_2$ 当且仅当 $\bar{f}(e_1) \frown \bar{f}(e_2)$.

结合上述定理及命题 3.1，3.2 可以看出，若 $E'$ 是 $E$ 的线性收缩，则 $E'$ 的事件可以看成是 $E$ 的事件的子集，并且 $E$ 上事件的 coherence 关系遗传到 $\bar{f}(E')$ 上就是 $E'$ 上事件的 coherence 关系.

1976 年，G. Plotkin 提出了结构 $T^{\omega}$ 并证明了 $T^{\omega}$ 是一个 universal 结构. 接下来将给出范畴 $\boldsymbol{\omega}\mathbf{Coh}_1$ 中的一个 universal 结构，它是一个与 $T^{\omega}$ 有关的结构.

**定义 3.2** $T^{\omega}$是 $T$ 的无限可数 cartesian 乘积，其中 $T=\{0,1,\perp\}$，$T$ 上的序为：$\perp<0,1$，且 0，1 是不相容的.

$T^{\omega}$的一个元素 $\boldsymbol{x}$ 是一个向量：

$$\langle \boldsymbol{x}^1,\boldsymbol{x}^2,\ldots,\boldsymbol{x}^n,\ldots\rangle$$

$T^{\omega}$上的序继承了 $T$ 上的序所以是点态的. 对于 $\boldsymbol{x}\in T^{\omega}$，令$(\boldsymbol{x})_0=\{i:i\in\mathbb{N}$ 且 $\pi_i(\boldsymbol{x})=0\}$，$(\boldsymbol{x})_1=\{i:i\in\mathbb{N}$ 且 $\pi_i(\boldsymbol{x})=1\}$. 显然 $T^{\omega}$是一个 Scott domain 并且有

$$\mathrm{K}(T^{\omega})=\{\mathrm{x}\in T^{\omega}:|(\boldsymbol{x})_0\cup(\boldsymbol{x})_1|<\omega\}$$

是可数的. 我们看到 $K(T^{\omega})$具有良好的序性质，比如说任给 $\boldsymbol{x}\in K(T^{\omega})$，那么在 $K(T^{\omega})$中存在无数个元素与 $\boldsymbol{x}$ 相容，同样存在无数个元素与 $\boldsymbol{x}$ 不相容. 那么此时我们在 $K(T^{\omega})$上定义关系如下：

$$\boldsymbol{x}\frown\boldsymbol{y}\Leftrightarrow\boldsymbol{x}=\boldsymbol{y}\text{ 或者 }\boldsymbol{x}\#\boldsymbol{y},$$

那么，以 $K(T^{\omega})$作为事件集合，以上述定义的关系作为 coherence 关系，构成了一个 coherence 空间，我们记此 coherence 空间为 $C_{T^{\omega}}$. 下面我们将说明此结构即为范畴 $\boldsymbol{\omega\mathrm{Coh}_1}$ 中的一个 universal 结构.

不妨假设 $E$ 是一个可数 coherence 空间，首先定义映射 $f_1:E\to K(T^{\omega})$如下：对于任意 $e_n\in E$：

$$\pi_i(f_1(e_n))=\begin{cases}0,\text{若 }\exists j<n, e_j\text{ 与 }e_n\text{ 有 coherence 关系}, j=i\\1,\text{若 }i=n\\\perp,\text{其他}\end{cases}$$

实际上 $f_1$是一个从 $\mathrm{Pr}(D(E))$到 $\mathrm{Pr}(D(K(T^{\omega})))$的映射. 此时我们定义 $f:D(E)\to D(K(T^{\omega}))$如下：对于任意 $x\in D(E)$：

$$f(x)=\{f_1(e_n):e_n\in x\}$$

接下来定义 $g:D(K(T^{\omega}))\to D(E)$如下：对于任意 $t\in D(K(T^{\omega}))$：

$$g(t)=\{e_n:f(e_n)\in t\}$$

$f,g$ 都是线性映射并且 $gf=id_{D(E)}$. 从而得出以下定理.

**定理 3.2** 若 $E$ 是一个可数 coherence 空间，那么 $E$ 是 $C_{T^{\omega}}$的线性收缩.

综上所述，$C_{T^{\omega}}$是范畴 $\boldsymbol{\omega\mathrm{Coh}_1}$中的一个 universal 结构，即它的所有的线性收缩构成一个构成一个 monoidal 闭范畴，从而给出了本文提出问题的答案.

## 参考文献


[1] GIRARD J Y. Linear logic[J]. Theoretical Computer Science，1987，50：1-102.

[2] EHRHARD T. Finiteness spaces[J]. Mathematical Structures in Computer Science，2005，15(4)：615-646.

[3] DANOS V，EHRHARD T. Probabilistic coherence spaces as a model of higher-order probabilistic computation[J]. Inf. Comput.，2011，209(6)：966-991.

[4] PLOTKIN G. $T^{\omega}$ as a universal domain[J]. Computer and System Science，1978，17：209-236.

[5] SCOTT D. Date types as lattices, SIAM J[J]. Computing, 1976, 5:452-487.

[6] ABRAMSKY S, JUNG A. Domain theory, Handbook of Logic in Computer Science[M]. Oxford: Oxford University Press, 1994.

[7] AMADIO R M, CURIEN P L. Domains and Lambda-calculi[M]. Cambridge: Cambridge University Press, 1998.

[8] GIERZ G, HOFMANN K H, KEIMEL K. et al. Continuous Lattices and Domains[M]. Cambridge: Cambridge University Press, 2003.

[9] EHRHARD T, REGNIER L. Differential interaction nets[J]. Theoretical Computer Science, 2006, 364(2):166-195.

[10] HYVERNAT P. From coherent to finiteness spaces[J]. Logical Methods in Computer Science 7:1-7.

[11] LAGO U D, ZORZI M. Probabilistic operational semantics for the lambda calculus[J]. RAIRO-Theor. Inf. and Applic, 2012, 46(3):413-450.

[12] ZHAO H R, KOU H. $T^{\omega}$ as a stable universal domain[J]. Electronic Notes in Theoretical Computer Science, 2014(301):189-202.

# $L$-拓扑空间的 $O_s$-$\delta_p$ 连通性

徐小玲[1],马保国[2],孙军娜[3]
(1.延安大学 西安创新学院,陕西 西安 710100;
2.延安大学 数学与计算机科学学院,陕西 延安 716000;
3.渭南师范学院,陕西 渭南 714000)

**摘 要**:以 $L$-拓扑空间中的 $\delta_p$-开集和 $\delta_p$-闭集为基础,引入了 $L$-拓扑空间中的 $O_s$-$\delta_p$ 连通性的概念,给出了它的一些等价刻画,并研究了其若干基本性质.

**关键词**:$L$-拓扑空间;$\delta_p$-闭包;$O_s$-$\delta_p$ 隔离;$O_s$-$\delta_p$ 连通

**中图分类号**:0189.1 **文献标志码**:A

# $O_s$-$\delta_p$ Connectedness on $L$-Topological Spaces

XU Xiaoling[1], MA Baoguo[2], Sun Junna[2]
( 1. Innovation College, Yan'an University, Xi'an 710100, China;
2. College of Mathematics and Computer Science, Yan'an University, Yan'an 716000, China;
3. Weinan Normal University, Weinan 714000, China)

**Abstract**: Based on the $\delta_p$-open sets and $\delta_p$-closed in $L$-topological spaces, the concept of $O_s$-$\delta_p$ connectedness was given in $L$-topological spaces. Equivalent characterizations of the $O_s$-$\delta_p$ connectedness were given. Moreover, its basic properties were studied.

**Key words**: $L$-topological spaces; $\delta$-$p$ closure; $O_s$-$\delta_p$ separation; $O_s$-$\delta_p$ connectedness

连通性是一般拓扑学中最重要的概念之一,国内外许多学者以诸多不同的形式把它推广到 $L$-拓扑空间中.其中,文献[1]在 $L$-拓扑空间中引入了一种具有 fuzzy 特色的 $O_s$-连通性,文献[2]引入了 $\delta$-闭包的概念,并研究了其性质.最近,文献[3]利用 $\delta$-闭包在 $L$-拓扑空

---

**基金项目**:陕西省教育厅基金项目(11JK0481)

**作者简介**:徐小玲(1984—),女,陕西绥德人,理学硕士,讲师,研究方向:格上拓朴学;马保国(1953—),男,陕西绥德人,教授,研究方向:格上拓朴学;孙军娜(1983—),女,讲师。

间中提出了$\delta$-连通性,文献[4]引入了$O_s$-$p$连通性.$O_s$-连通性、$\delta$-连通性与$O_s$-$p$都具有许多良好的性质.本文旨在文献[1]、[3]和[4]的基础上,借助于$\delta_p$-闭包给出$O_s$-$\delta_p$连通性,并研究其若干性质.

在本文中,$L$总表示一个$F$格,即具有逆序对合对应的完全分配格,$L^X$表示非空普通集$X$上的$L$-集全体.$M(L)$和$M^*(L^X)$分别表示$L$和$L^X$中的分子之集.设偶对$(X,\omega)$为$L$-拓扑空间(简记为$L$-$ts$),$A^-$、$A^\circ$与$A'$分别表示$A\in L^X$的闭包、内部和伪补.称$A$为正则开(正则闭)集,若$A=A^{-\circ}(A=A^{\circ-})$,$(X,\omega)$中全体正则开集之族记为$RO(L^X)$,$(X,\omega)$中全体正则闭集之族记为$RC(L^X)$.其余未加说明的概念与符号均参见文献[1-7].

## 1 预备知识

**定义 1.1**[1] 设$(X,\omega)$是$L$-$ts$,$s\in L-\{1\}$,$A,B\in L^X$,$A,B$称为$O_s$-隔离的,如果存在$G$,$H\in\omega$,使得$A\leqslant G$,$B\leqslant H$且$G\wedge B\leqslant C_s$,$H\wedge A\leqslant C_s$,其中$C_s$表示$X$上的取常值$s$的$L$-集.

**定义 1.2**[1] 设$(X,\omega)$是$L$-$ts$,$s\in L-\{1\}$,$D\in L^X$,$D$称为$O_s$-连通的;如果不存在$G$,$H\in\omega$,使得$D\nleqslant G$,$D\nleqslant H$,$D\leqslant G\vee H$且$D\wedge G\wedge H\leqslant C_s$,$(X,\omega)$被称为$O_s$-连通的;如果$1_X$是$O_s$-连通的.

**定义 1.3**[2] 设$(X,\omega)$是$L$-$ts$,$A\in L^X$,$x_\alpha\in M^*(L^X)$,称$x_\alpha$是$A$的$\delta$-附着点,若$\forall P\in\delta_\eta(x_\alpha)$,有$A\nleqslant P$,这里$\delta_\eta(x_\alpha)=\{P\in RC(L^X)\mid x_\alpha\nleqslant P\}$.$A$的所有$\delta$-附着点之并记作$A_\delta^-$,并称$A_\delta^-$是$A$的$\delta$-闭包.如果$A=A_\delta^-$,则称$A$是$\delta$-闭集;当$A$是$\delta$-闭集时,称$A'$是$\delta$-开集.$A$的补集的$\delta$-闭包的补集,称为$A$的$\delta$-内部,记作$A_\delta^\circ$.

**引理 1.1**[3] 设$(X,\omega)$是$L$-$ts$,则

(1)$0_X$和$1_X$既是$\delta$-开集又是$\delta$-闭集;

(2)$\delta$-闭包算子与$\delta$-内部算子都是保序的;

(3)正则闭(正则开)集一定是$\delta$-闭($\delta$-开)集,$\delta$-闭($\delta$-开)集一定是闭(开)集;

(4)任意多个$\delta$-闭($\delta$-开)集的交(并)仍然是$\delta$-闭($\delta$-开)集;有限个$\delta$-闭($\delta$-开)集的并(交)仍然是$\delta$-闭($\delta$-开)集.

**引理 1.2**[3] 设$(X,\omega)$是$L$-$ts$,$A\in L^X$,则$A^-\leqslant A_\delta^-$.

**定义 1.4**[4] 设$(X,\omega)$是$L$-$ts$,$A\in L^X$称为$p$-开集当且仅当存在开集$U$,使得$A\leqslant U\leqslant A^-$;若$A$是$p$-开集,则称$A'$是$p$-闭集.

$L$-拓扑空间$(X,\omega)$中的所有$p$-开集记作$LPO(L^X)$,所有的$p$-闭集记作$LPC(L^X)$.

$L$-拓扑空间中的闭集一定是$p$-闭集,反之一般不成立.

**定理 1.1**[4] 设$(X,\omega)$是$L$-拓扑空间,$A\in L^X$,则$A$是$p$-开集当且仅当$A\leqslant A^{-0}$,$A$是$p$-闭集当且仅当$A\geqslant A^{0-}$.

**定理 1.2**[4] 设$(X,\omega)$是$L$-拓扑空间,则

$$\delta\subset LPO(L^X),\delta'\subset LPC(L^X)$$

**定义 1.5**[4] 设$(X,\omega)$是$L$-拓扑空间,$A\in L^Y$,

(1)包含于$A$的一切$p$-开集的并叫做$A$的$LFp$-内部,记作$A^\Delta$,即

$$A^\Delta=\vee\{B\in LPO(L^Y)\mid B\leqslant A\}$$

(2)包含 $A$ 的一切 $p$-闭集的交叫做 $A$ 的 $LFp$-闭包,记作 $A^{\leftarrow}$,即

$$A^{\leftarrow}=\wedge\{B\in LPC(L^Y)\mid A\leqslant B\}$$

**定理 1.3**[4] 设 $(X,\omega)$ 是 $L$-拓扑空间,$A\in L^X$,则

(1)$A\in LPO(L^X)$ 当且仅当 $A=A^{\Delta}$;

(2)$A\in LPC(L^X)$ 当且仅当 $A=A^{\leftarrow}$.

**定义 1.6** 设 $(X,\omega)$ 是 $L$-$ts$,$A\in L^X$,若 $A=A^{\leftarrow\Delta}(A=A^{\Delta\leftarrow})$,称 $A$ 为正则 $p$-开(正则 $p$-闭)集.$(X,\omega)$ 中全体正则 $p$-开集之族记为 $RPO(L^X)$,$(X,\omega)$ 中全体正则 $p$-闭集之族记为 $RPC(L^X)$.

**定义 1.7** 设 $(X,\omega)$ 是 $L$-$ts$,$A\in L^X$,$x_\alpha\in M^*(L^X)$,称 $x_\alpha$ 是 $A$ 的 $\delta_p$-附着点,若 $\forall P\in\delta_p(x_\alpha)$,有 $A\not\leqslant P$,这里 $\delta_p(x_\alpha)=\{P\in RPC(L^X)\mid x_\alpha\not\leqslant P\}$.$A$ 的所有 $\delta_p$-附着点之并记作 $A^-_{\delta_p}$,并称 $A^-_{\delta_p}$ 是 $A$ 的 $\delta_p$-闭包.如果 $A=A^-_{\delta_p}$,则称 $A$ 是 $\delta_p$-闭集;当 $A$ 是 $\delta_p$-闭集时,称 $A'$ 是 $\delta_p$-开集.$A$ 的补集的 $\delta_p$-闭包的补集,称为 $A$ 的 $\delta_p$-内部,记作 $A^{\circ}_{\delta_p}$.

## 2 L-拓扑空间的 $O_s$-$\delta_p$ 连通性

**定义 2.1** 设 $(X,\omega)$ 是 $L$-$ts$,$s\in L-\{1\}$,$A$、$B\in L^X$,如果 $A^-_{\delta_p}\wedge B\leqslant C_s$ 且 $A\wedge B^-_{\delta_p}\leqslant C_s$,则称 $A$、$B$ 为 $O_s$-$\delta_p$ 隔离的,其中 $C_s$ 表示 $X$ 上的取常值 $s$ 的 $L$-集.

**定义 2.2** 设 $(X,\omega)$ 是 $L$-$ts$,$s\in L-\{1\}$,$D\in L^X$,如果不存在 $G,H\in\omega$,使得

$$D=G\vee H,G\not\leqslant C_s,H\not\leqslant C_s\text{ 且 }D^-_{\delta_p}\wedge G\wedge H\leqslant C_s,$$

则称 $D$ 为 $O_s$-$\delta_p$ 连通集.特别地,当最大 $L$-集 $1_X$ 是 $O_s$-$\delta_p$ 连通集时,称 $(X,\omega)$ 为 $O_s$-$\delta_p$ 连通空间.

**定理 2.1** 设 $(X,\omega)$ 是 $L$-$ts$,$s\in L-\{1\}$,则下列条件等价:

(1)$(X,\omega)$ 不是 $O_s$-$\delta_p$ 连通空间;

(2)在 $(X,\omega)$ 中存在 $\delta_p$-闭集 $A$、$B$,使得 $A\vee B=1_X$,$A\wedge B\leqslant C_s$,$A\not\leqslant C_s$,$B\not\leqslant C_s$;

(3)在 $(X,\omega)$ 中存在 $\delta_p$-开集 $D$、$E$,使得 $D\vee E=1_X$,$D\wedge E\leqslant C_s$,$D\not\leqslant C_s$,$E\not\leqslant C_s$.

证明(1)⇒(2):设 $(X,\omega)$ 不是 $O_s$-$\delta_p$ 连通空间,则存在 $A$、$B\in L^X$,使得

$$A\vee B=1_X,A\not\leqslant C_s,B\not\leqslant C_s,A^-_{\delta_p}\wedge B\leqslant C_s\text{ 且 }A\wedge B^-_{\delta_p}\leqslant C_s,$$

而

$$A^-_{\delta}=A^-_{\delta_p}\wedge(A\vee B)=(A^-_{\delta_p}\wedge A)\vee(A^-_{\delta_p}\wedge B)\leqslant A\vee C_s=A,$$

$$B^-_{\delta_p}=B^-_{\delta_p}\wedge(A\vee B)=(B^-_{\delta_p}\wedge A)\vee(B^-_{\delta_p}\wedge B)\leqslant B\vee C_s=B,$$

即 $A$、$B$ 是 $\delta_p$-闭集,$A\wedge B\leqslant A^-_{\delta_p}\wedge B\leqslant C_s$.

(2)⇒(1)证明是基本的,故从略.

证明(2)⇒(3):设 $(X,\omega)$ 中存在 $\delta_p$-闭集 $A$、$B$,且 $A\vee B=1_X$,$A\wedge B\leqslant C_s$,$A\not\leqslant C_s$,$B\not\leqslant C_s$,则

$$A'\wedge B'=(A\vee B)'=0_X\leqslant C_s,A'\vee B'=(A\wedge B)'\not\leqslant(C_s)'=C_{s_1},(\forall s,s_1\in L-\{1\}),$$

且 $A'\vee B'=1_X$,$A'\not\leqslant C_s$,$B'\not\leqslant C_s$,$A'$ 是 $\delta_p$-开集,$B'$ 是 $\delta_p$-开集.令 $A'=D$,$B'=E$,则(3)成立.

(3)⇒(2)证明是直接的,故从略.

**定理 2.2** 设$(X,\omega)$是$L-ts$,$s\in L-\{1\}$,$D\in L^X$,$D$是$O_s-\delta_p$连通集当且仅当不存在$O_s-\delta_p$隔离的$L-$集$A$、$B$,使得$D=A\vee B$,$A\not\leq C_s$,$B\not\leq C_s$.

证明"⇒":如果不存在$A$、$B\in\omega$,使得$D=A\vee B$,$A\not\leq C_s$,$B\not\leq C_s$,且$D_{\delta_p}^-\wedge A\wedge B\leq C_s$,由于$A_{\delta_p}^-\wedge B\leq D_{\delta_p}^-\wedge A\wedge B\leq C_s$,$A\wedge B_{\delta_p}^-\leq D_{\delta_p}^-\wedge A\wedge B\leq C_s$,故不存在$O_s-\delta_p$隔离的$L-$集$A$、$B$,使得$D=A\vee B$,$A\not\leq C_s$,$B\not\leq C_s$.

证明"⇐":如果不存在$O_s-\delta_p$隔离的$L-$集$A$、$B$,使得$D=A\vee B$,$A\not\leq C_s$,$B\not\leq C_s$,由于

$$A_{\delta_p}^-\wedge B\leq C_s,B_{\delta_p}^-\wedge A\leq C_s,$$

所以

$$D_{\delta_p}^-\wedge A\wedge B=(A_{\delta_p}^-\vee B_{\delta_p}^-)\wedge A\wedge B\leq(A_{\delta_p}^-\wedge B)\vee(B_{\delta_p}^-\wedge A)\leq C_s,$$

即不存在$A$、$B\in\omega$,使得$D=A\vee B$,$A\not\leq C_s$,$B\not\leq C_s$,$D_{\delta_p}^-\wedge A\wedge B\leq C_s$,由定义1.5知$D$为$O_s-\delta_p$连通集.

**定理 2.3** 设$(X,\omega)$是$L-ts$,$s\in L-\{1\}$,$A\in L^X$是$O_s-\delta_p$连通集,如果$A\leq B\leq A_{\delta_p}^-$,则$B$也是$O_s-\delta_p$连通集.

证明:假设$B$不是$O_s-\delta$连通集,则存在$G,H\in\omega$,使得$B=G\vee H$,$G\not\leq C_s$,$H\not\leq C_s$且$G_{\delta_p}^-\wedge H\leq C_s$,$G\wedge H_{\delta_p}^-\leq C_s$.令$E=G\wedge A$,$F=H\wedge A$,则

$$E\vee F=(G\wedge A)\vee(H\wedge A)=(G\vee H)\wedge A=B\wedge A=A,\text{且}E\not\leq C_s,F\not\leq C_s.$$

$$\begin{aligned}E_{\delta_p}^-\wedge F&=(G\wedge A)_{\delta_p}^-\wedge F\leq(G\vee A)_{\delta_p}^-\wedge F=(G_{\delta_p}^-\vee A_{\delta_p}^-)\wedge F\\&=(G_{\delta_p}^-\wedge F)\vee(A_{\delta_p}^-\wedge F)=(G_{\delta_p}^-\wedge H\wedge A)\vee(A_{\delta_p}^-\wedge H\wedge A)\\&\leq G_{\delta_p}^-\wedge H\wedge A\leq C_s\end{aligned}$$

同理可得,$E\wedge F_{\delta_p}^-\leq C_s$,则$A$不是$O_s-\delta_p$连通集,矛盾!故$B$是$O_s-\delta_p$连通集.

**推论 2.1** 设$(X,\omega)$是$L-ts$,$s\in L-\{1\}$,$A\in L^X$是$O_s-\delta_p$连通集,则$A_{\delta_p}^-$也是$(X,\omega)$中的$O_s-\delta_p$连通集.

**定理 2.4** 设$(X,\omega)$是$L-ts$,$s\in L-\{1\}$,$A,B\in L^X$,若$A$、$B$都是$(X,\omega)$中的$O_s-\delta_p$连通集,且$A$、$B$不是$O_s-\delta_p$隔离的,则$A\vee B$也是$(X,\omega)$中的$O_s-\delta_p$连通集.

证明:假设$A\vee B$不是$(X,\omega)$中的$O_s-\delta_p$连通集,则存在$G,H\in\omega$,使得

$$G\not\leq C_s,H\not\leq C_s,A\vee B=G\vee H\text{且}(A\vee B)_{\delta_p}^-\wedge G\wedge H\leq C_s,$$

即

$$(A_{\delta_p}^-\vee B_{\delta_p}^-)\wedge G\wedge H=(A_{\delta_p}^-\wedge G\wedge H)\vee(B_{\delta_p}^-\wedge G\wedge H)\leq C_s$$

设$G=E\vee F$,$H=M\vee N$,则$A\vee B=G\vee H=(E\vee M)\vee(F\vee N)$,不妨设$A=E\vee M$,则$B=F\vee N$,$E,F\not\leq C_s$,$M,N\not\leq C_s$,于是$A_{\delta_p}^-\wedge E\wedge M\leq A_{\delta_p}^-\wedge G\wedge H\leq C_s$,这说明$A$不是$O_s-\delta_p$连通集,矛盾!

**定理 2.5** 设$(X,\omega)$是$L-ts$,$s\in L-\{1\}$,$\{A_i\}_{i\in I}$是$(X,\omega)$中的一族$O_s-\delta_p$连通集,且$\forall i,j\in I$,$A_i$与$A_j$在$(X,\omega)$中不是$O_s-\delta_p$隔离的,则$\vee_{i\in I}A_i$是$(X,\omega)$中的$O_s-\delta_p$连通集.

证明:令$A=\vee_{i\in I}A_i$,假设存在$G,H\in\omega$,使得$A=G\vee H$,$G\not\leq C_s$,$H\not\leq C_s$,$G_{\delta_p}^-\wedge H\leq C_s$且$G\wedge H_{\delta_p}^-\leq C_s$,$\forall t\in I$,令$G_t=A_t\wedge G$,$H_t=A_t\wedge H$,则

$$A_t=G_t\vee H_t,(G_t)_{\delta_p}^-\wedge H_t\leq G_{\delta_p}^-\wedge H\leq C_s,G_t\wedge(H_t)_{\delta_p}^-\leq G\wedge H_{\delta_p}^-\leq C_s$$

由于$A_t$是$O_s-\delta_p$连通的,故$G_t=0_X$或$H_t=0_X$,从而$A_t=H_t\leq H$或$A_t=G_t\leq G$.因此,$A_s=H_s$

$\leqslant H$ 或 $A_s=G_s\leqslant G$. 不妨设 $A_s=H_s\leqslant H$,则 $\forall t\in I-\{s\}$ ,$A_t\leqslant H$.

事实上,若 $A_t\not\leqslant H$,则 $A_t\leqslant G$,从而 $A_t\wedge(A_s)^-_{\delta_p}=A_t\wedge(H_s)^-_{\delta_p}\leqslant G\wedge H^-_{\delta_p}\leqslant C_s$,$(A_t)^-_{\delta_p}\wedge A_s=(A_t)^-_{\delta_p}\wedge H_s\leqslant G^-_{\delta_p}\wedge H\leqslant C_s$. 这与 $A_t$ 和 $A_s$ 不是 $O_s$-$\delta_p$ 隔离的相矛盾! 于是,$\forall t\in I,A_t\leqslant H$,由此 $A\leqslant H$. 从而 $G=A\wedge G\leqslant H\wedge G\leqslant H^-_{\delta_p}\wedge G\leqslant C_s$,故 $A$ 是 $O_s$-$\delta_p$ 连通集.

**定理 2.6** 设$(X,\omega)$是 $L$-$ts$,$s_1,s_2\in L-\{1\}$,且 $s_1\leqslant s_2$,如果 $D$ 是$(X,\omega)$中的 $O_{s_2}$-$\delta_p$ 连通集,则 $D$ 也是 $O_{s_1}$-$\delta_p$ 连通集.

证明:假设 $D$ 不是 $O_{s_1}$-$\delta_p$ 连通集,则存在 $G,H\in\omega$,使得 $G\nleq C_{s_1}$,$H\nleq C_{s_1}$,$G\vee H=D$,$G^-_{\delta_p}\wedge H\leqslant C_{s_1}$,$G\wedge H^-_{\delta_p}\leqslant C_{s_1}$,由于 $s_1\leqslant s_2$,则 $C_{s_1}\leqslant C_{s_2}$,从而

$$G\not\leqslant C_{s_2},H\not\leqslant C_{s_2},D=G\vee H,G^-_{\delta_p}\wedge H\leqslant C_{s_2},G\wedge H^-_{\delta_p}\leqslant C_{s_2},$$

即 $D$ 不是 $O_{s_2}$-$\delta_p$ 连通集,与已知矛盾!

**定理 2.7** 设$(X,\omega)$是 $L$-$ts$,$D\in L^X$,$s\in L-\{1\}$,则下列条件等价:

(1)$D$ 在$(X,\omega)$中是 $O_s$-$\delta_p$ 连通集;

(2)$D$ 在$(D_0,\omega|D_0)$中是 $O_s$-$\delta_p$ 连通集,其中 $D_0=\{x\in X|D(x)>0\}$,$\omega|D_0$ 为子空间拓扑;

(3)不存在 $G,H\in\omega$,使得 $D=G\vee H$,$G\leqslant C_s$,$H\leqslant C_s$,且 $D\wedge G$ 和 $D\wedge H$ 在$(X,\omega)$中是 $O_s$-$\delta_p$ 隔离的.

证明(1)$\Rightarrow$(2):假设存在 $E,F\in\omega|D_0$,使得 $E\not\leqslant C_s$,$F\not\leqslant C_s$,$D=E\vee F$ 且 $D^-_{\delta_p}\wedge E\wedge F\leqslant C_s$,即 $D$ 在$(D_0,\omega|D_0)$中不是 $O_s$-$\delta_p$ 连通集,则存在 $G,H\in\omega$,使得 $E=D_0\wedge G$,$F=D_0\wedge H$. 从而,$G\not\leqslant C_s$,$H\not\leqslant C_s$,且

$$D=E\vee F=(D_0\wedge G)\vee(D_0\wedge H)=D_0\wedge(G\vee H)=G\vee H,$$

$$D^-_{\delta_p}\wedge E\wedge F=D^-_{\delta_p}\wedge D_0\wedge G\wedge H=D^-_{\delta_p}\wedge G\wedge H\leqslant C_s,$$

即 $D$ 在$(X,\omega)$中不是 $O_s$-$\delta_p$ 连通集,矛盾!

证明(2)$\Rightarrow$(3):设存在 $G,H\in\omega$,使得 $D=G\vee H$,$G\not\leqslant C_s$,$H\not\leqslant C_s$,且 $D\wedge G$ 和 $D\wedge H$ 在$(X,\omega)$中是 $O_s$-$\delta_p$ 隔离的,即

$$(D\wedge G)^-_{\delta_p}\wedge(D\wedge H)=G^-_{\delta_p}\wedge D\wedge H\leqslant C_s,(D\wedge G)\wedge(D\wedge H)^-_{\delta_p}=D\wedge G\wedge H^-_{\delta_p}\leqslant C_s,$$

从而 $G^-_{\delta_p}\wedge H\leqslant C_s$,$G\wedge H^-_{\delta_p}\leqslant C_s$. 令 $M=D_0\wedge G$,$N=D_0\wedge H$,则 $M\not\leqslant C_s$,$N\not\leqslant C_s$,$D=M\vee N=(D_0\wedge G)\vee(D_0\wedge H)=G\vee H$,且

$$\begin{aligned}D^-_{\delta_p}\wedge M\wedge N&=(G^-_{\delta_p}\vee H^-_{\delta_p})\wedge M\wedge N\\&=(G^-_{\delta_p}\wedge M\wedge N)\vee(H^-_{\delta_p}\wedge M\wedge N)\\&=(G^-_{\delta_p}\wedge D_0\wedge G\wedge H)\vee(H^-_{\delta_p}\wedge D_0\wedge G\wedge H)\\&\leqslant(G^-_{\delta_p}\wedge H)\vee(H^-_{\delta_p}\wedge G)\leqslant C_s,\end{aligned}$$

即 $D$ 在$(D_0,\omega|D_0)$中不是 $O_s$-$\delta_p$ 连通集,与(2)矛盾!

证明(3)$\Rightarrow$(1):设不存在 $G,H\in\omega$,使得 $D=G\vee H$,$G\not\leqslant C_s$,$H\not\leqslant C_s$,且 $D\wedge G$ 和 $D\wedge H$ 在在$(X,\omega)$中是 $O_s$-$\delta_p$ 隔离的,则$(D\wedge G)^-_{\delta_p}\wedge(D\wedge H)\leqslant C_s$,且$(D\wedge G)\wedge(D\wedge H)^-_{\delta_p}\leqslant C_s$,由于 $G=D\wedge G$,$H=D\wedge H$,即 $G^-_{\delta_p}\wedge D\wedge H\leqslant C_s$,$D\wedge G\wedge H^-_{\delta_p}\leqslant C_s$,从而 $G^-_{\delta_p}\wedge H\leqslant C_s$,$G\wedge H^-_{\delta_p}\leqslant C_s$,即 $G$,$H$ 是 $O_s$-$\delta_p$ 隔离的,于是 $D$ 是 $O_s$-$\delta_p$ 连通集.

**定理 2.8** 设$(X,\omega)$是$L$-$ts$,$s=0\in L$,$D\in L^X$,则下列条件等价:

(1)$D$ 在$(X,\omega)$中是 $O_s$-$\delta_p$ 连通集;

(2)不存在 $G,H\in\omega$,使得 $D=G\vee H$,$G\neq 0_X$,$H\neq 0_X$,$D^-_{\delta_p}\wedge G\wedge H=0_X$;

(3)不存在 $A,B\in\omega|D_0$,使得 $D=A\vee B$,$A\neq 0_X$,$B\neq 0_X$,$D^-_{\delta_p}\wedge A\wedge B=0_X$;

(4)$D$ 不是$(X,\omega)$中两个非空 $O_s$-$\delta_p$ 隔离集之并;

(5)$D$ 在$(X,\omega)$中是 $\delta_p$-连通集.

证明(1)⇔(2)⇔(3):由定理 10 直接可得.

证明(4)⇒(1):由定理 2.7(3)可证.

证明(1)⇒(4):假设 $D$ 是$(X,\omega)$中两个非空 $O_s$-$\delta_p$ 隔离集之并,则 $D=A\vee B$,$A\neq 0_X$,$B\neq 0_X$,$A^-_{\delta_p}\wedge B=0_X$,$A\wedge B^-_{\delta_p}=0_X$,从而 $0_X\leqslant A\wedge B\leqslant A^-_{\delta_p}\wedge B=0_X$,即 $A\wedge B=0_X$.

于是,$D^-_{\delta_p}\wedge A\wedge B=(A^-_{\delta_p}\vee B^-_{\delta_p})\wedge A\wedge B=(A^-_{\delta_p}\wedge A\wedge B)\vee(B^-_{\delta_p}\wedge A\wedge B)=A\wedge B=0_X$,从而 $D$ 在$(X,\omega)$中不是 $O_s$-$\delta_p$ 连通集,与(1)矛盾!

证明(2)⇒(5):设(2)成立,则

$$
\begin{aligned}
D^-_{\delta_p}\wedge G\wedge H &= (G^-_{\delta_p}\vee H^-_{\delta_p})\wedge G\wedge H\\
&=(G^-_{\delta_p}\wedge G\wedge H)\vee(H^-_{\delta_p}\wedge G\wedge H)\\
&=(G^-_{\delta_p}\wedge H)\vee(H^-_{\delta_p}\wedge G)\\
&=O_X,
\end{aligned}
$$

从而 $G^-_{\delta_p}\wedge H=0_X$,$H^-_{\delta_p}\wedge G=0_X$. 由文献[3]中的 $\delta_p$-连通集的定义知,$D$ 在$(X,\omega)$中是 $\delta_p$-连通集.

证明(5)⇒(1)⇒(2):由定义 1.5 及文献[3]中的定义 1.6 可得.

**定义 2.3** 设$(X,\omega)$是$L$-$ts$,$s\in L-\{1\}$,$A\in L^X$ 是极大 $O_s$-$\delta_p$ 连通集,即若 $B\in L^X$ 是 $O_s$-$\delta_p$ 连通集,且 $A\leqslant B$,则 $A=B$,则称 $A$ 是$(X,\omega)$中的 $O_s$-$\delta_p$ 连通分支.

**定理 2.9** 设$(X,\omega)$是$L$-$ts$,$s\in L-\{1\}$,则下列命题成立:

(1)$(X,\omega)$中所有 $O_s$-$\delta_p$ 连通分支的并等于 $1_X$;

(2)设 $A$ 与 $B$ 是$(X,\omega)$中两个不同的 $O_s$-$\delta_p$ 连通分支,则 $A\wedge B\leqslant C_s$;

(3)若 $A$ 是$(X,\omega)$中的 $O_s$-$\delta_p$ 连通分支,则 $A$ 是 $\delta_p$-闭集.

证明:(1) $\forall x_\lambda\in M^*(L^X)$,$x_\lambda$ 是$(X,\omega)$中的 $O_s$-$\delta_p$ 连通集. 下面分两种情况讨论:

(i)若 $x_\lambda\leqslant C_s$,并假设 $x_\lambda$ 不是$(X,\omega)$中的 $O_s$-$\delta_p$ 连通集,则存在 $G,H\in L^X$,使得 $x_\lambda=G\vee H$,$G\not\leqslant C_s$,$H\not\leqslant C_s$,$G^-_{\delta_p}\wedge H\leqslant C_s$,$G\wedge H^-_{\delta_p}\leqslant C_s$,而 $x_\lambda$ 是 $M^*(L^X)$中的任一分子,故 $x_\lambda=G\leqslant C_s$ 或 $x_\lambda=H\leqslant C_s$,矛盾!

(ii)若 $x_\lambda\not\leqslant C_s$,由于 $x_\lambda\in M^*(L^X)$,所以 $x_\lambda$ 只能表示成两个 $LF$ 点之并,即 $x_\lambda=x_\alpha\vee x_\beta$,但 $x_\alpha$ 与 $x_\beta$ 不是 $O_s$-$\delta_p$ 隔离的. 事实上,若 $x_\alpha\not\leqslant C_s$,$x_\beta\not\leqslant C_s$,则 $x_\alpha\wedge x_\beta\not\leqslant C_s$ 与 $O_s$-$\delta_p$ 隔离矛盾!

令 $\Gamma(x_\lambda)=\{D\in L^X|x_\lambda\leqslant D,D$ 是$(X,\omega)$中的 $O_s$-$\delta_p$ 连通集$\}$,$\Omega(x_\lambda)=\vee\Gamma(x_\lambda)$,则由定理 2.8 可知 $\Omega(x_\lambda)$是$(X,\omega)$中的 $O_s$-$\delta_p$ 连通集且是极大 $O_s$-$\delta_p$ 连通集. 事实上,若 $\Omega(x_\lambda)$不是极大 $O_s$-$\delta_p$ 连通集,则存在 $M\in L^X$,$M$ 为 $O_s$-$\delta_p$ 连通集且 $\Omega(x_\lambda)\leqslant M$,而 $M\leqslant\Omega(x_\lambda)$,故 $M=\Omega$

$(x_\lambda)$. 于是 $\Omega(x_\lambda)$ 是 $(X,\omega)$ 中的 $O_s$-$\delta_p$ 连通分支,由于 $L^X$ 中所有分子之并等于 $1_X$,从而 $(X,\omega)$ 中所有 $O_s$-$\delta_p$ 连通分支的并等于 $1_X$.

(2)设 $A$ 与 $B$ 是 $(X,\omega)$ 中两个不同的 $O_s$-$\delta_p$ 连通分支,若 $A\wedge B\not\leq C_s$,则由定理2.8 可知 $A\vee B$ 是 $(X,\omega)$ 中的 $O_s$-$\delta_p$ 连通分支,这与 $A,B$ 为 $O_s$-$\delta_p$ 连通分支相矛盾!

(3)设 $A$ 是 $(X,\omega)$ 中的 $O_s$-$\delta_p$ 连通分支,则由推论 1 可知 $A^-_{\delta_p}$ 是 $(X,\omega)$ 中的 $O_s$-$\delta_p$ 连通集,且 $A\leq A^-_{\delta_p}$,从而由定义 1.6 知 $A=A^-_{\delta_p}$,即 $A$ 是 $\delta_p$-闭集.

## 参考文献


[1] 张杰,王秀英. $L$-Fuzzy 拓扑空间的 $O_s$-连通性[J]. 模糊系统与数学,2001,15(1):31-34.

[2] 程吉树. $\delta$-连续序同态的若干性质[J]. 模糊系统与数学,1997,11(4):38-41.

[3] 杨海龙,李生刚. $L$-拓扑空间的 $\delta$-连通性[J]. 纺织高校基础科学学报,2006,19(3):189-192.

[4] 马保国. $L$-Fuzzy 拓扑空间的 $O_s$-$p$ 连通性[J]. 模糊系统与数学,2010,24(4):65-70.

[5] LI S G. Connectedness in $L$-fuzzy topological spaces[J]. Fuzzy Sets and Systems,2000,116:361-368.

[6] 汪贤华. $\delta$-连通空间[J]. 纯粹数学与应用数学,2004,20(3):243-247.

[7] 王国俊. $L$-Fuzzy 拓扑空间论[M]. 西安:陕西师范大学出版社,1988.

# A New Notion of $L$-fuzzy J-connectedness

Tu Jinji
(Department of Mathematics, Jiangmen Polytechnic, 529020, Guangdong, China)

**Abstract:** Connectivity is one of the important notions in topology. In this paper, a new notion of connectedness is introduced in $L$-topological space, which is called J-connectedness. We will study its structure and find some nice properties contained.

**Keywords:** J-connectedness; $L$-topological space

## 1 Introduction

Connectedness plays an important role in general topology, many papers on this problem have been written. It has been generalized to fuzzy set theory, and various kinds of fuzzy connectivity and semi-connectivity in fuzzy-topological have been presented [1-3]. Here we introduce J-connectivity in $L$-topological space under some conditions, we find it preserve many nice properties of connect sets in general topological space.

## 2 Preliminaries

In this paper, let $X$ denote a non-empty general set, $L$ a fuzzy lattice. $L^X$ denotes the set of all $L$-fuzzy sets on $X$. $(L^X, \delta)$ denote an $L$-topological space, completely distributive lattice with order-reversing involution "$'$", 0 and 1 denote the smallest element and largest element in $L$, respectively. $M(L)$ and $M(L^X)$ be the set nonzero irreducible elements in $L$ and $L^X$, respectively.

**Definition 2.1** [4-9] Let $(L^X, \delta)$ be an $L$-topological space. $A \in L^X$, then

(1) $A^{\square} = \bigvee \{B \mid B \leqslant A, A \text{ is a pre-open set}\}$, $A^{\square}$ is called pre-interior of $A$;

(2) $A^{\wedge} = \bigwedge \{B \mid B \geqq A, A \text{ is a pre-closed set}\}$, $A^{\wedge}$ is called pre-closure of $A$;

(3) $A_{\square} = \bigvee \{B \mid B \leqslant A, A \text{ is a semipre-open set}\}$, $A_{\square}$ is called semipre-interior of $A$;

(4) $A_{\wedge} = \bigwedge \{B \mid B \geqq A, A \text{ is a semipre-closed set}\}$, $A^{\wedge}$ is called semipre-closure of $A$;

(5) $A$ is called J-open set if $A = (A_{\wedge})^{\square}$ and $A$ is called J-closed set if $A = (A_{\square})^{\wedge}$.

We will denote $\omega$ as the family of J-open sets and denote $\omega'$ as the family of the J-closed sets.

**Definition 2.2** Let $L_1$ and $L_2$ be fuzzy lattice, a mapping $f: L_1 \to L_2$ is called an order-homomorphism if the following condition hold:

(1) $f(\vee A_i) = \vee A_i$ for $\{A_i\} \subset L_1$;

(2) $f^{-1}(B') = (f^{-1}(B))'$, $f^{-1}(B) = \vee\{A \in L_1 : f(A) \leqslant B\}$, for each $B \in L_2$.

**Definition 2.3** [9] Let $(L_1{}^X, \delta)$ and $(L_2{}^X, \tau)$ be two $L$-topological spaces, and $f: (L_1{}^X, \delta) \to (L_2{}^X, \tau)$ an order-homomorphism, $f$ is called:

(1) J-continuous if $f^{-1}(B)$ is a J-open set of $L_1{}^X$ for each $B \in \tau$;

(2) J-irresolute if $f^{-1}(B)$ is a J-open set of $L_1{}^X$ for each J-open set $B$ of $L_2{}^Y$.

The J-continuous is pre-continuous, but the converse not be true show by example 1.

Example 1. Let $X = \{a, b\}$, $L = \left\{0, \frac{1}{6}, \frac{2}{6}, \frac{3}{6}, \frac{4}{6}, \frac{5}{6}, 1\right\}$, for any $\lambda \in L$, $\lambda' = 1 - \lambda$, $\delta_1 = \{(0,0), (1,1)\}$, $\delta_2 = \left\{(0,0), (\frac{2}{6}, \frac{4}{6}), (1,1)\right\}$, $\delta_3 = \left\{(0,0), (\frac{2}{6}, \frac{4}{6}), (\frac{5}{6}, \frac{5}{6}), (1,1)\right\}$.

Let $f$ be an identity mapping from $(L^X, \delta_2)$ to $(L^X, \delta_3)$, then $f$ is continuous, but $f^{-1}(\frac{5}{6}, \frac{5}{6}) \notin \delta_2$, and all the element contained $\delta_2$ is J-open sets, thus $f$ is not a J-continuous.

**Definition 2.4** Let $(L^X, \delta)$ be an $L$-ts and $A, B \in L^X$, then $A$ and $B$ are said to be separated ($I$- type of weakly separated) if $A^- \wedge B = A \wedge B^- = 0$.

**Definition 2.5** Let $(L^X, \delta)$ be an $L$-ts and $A \in L^X$, $A$ is called connected if $A$ can not be represented as a union of two separated non-null sets.

## 3 J-connectedness in L-ts

**Definition 3.1** Let $(L^X, \delta)$ be an $L$-ts and $A, B \in L^X$, then $A$ and $B$ are said to be J-separated if $A_\wedge \wedge B = A \wedge B_\wedge = 0$.

**Definition 3.2** Let $(L^X, \delta)$ be an $L$-ts and $A \in L^X$, $A$ is called J-disconnected, if there are $C, D \in L^X$, $C, D \neq 0$, such that $C$ and $D$ are J-separated, and $A = C \vee D$, otherwise,

$A$ is called J-connected, specially, if 1 is J-connected, $(L^X, \delta)$ is called a J-connected space.

**Example 3.1** Let $X = \{a, b\}$, $L = \left\{0, \frac{1}{6}, \frac{2}{6}, \frac{3}{6}, \frac{4}{6}, \frac{5}{6}, 1\right\}$, for any $\lambda \in L$, $\lambda' = 1 - \lambda$, $\delta = \left\{(0,0), (\frac{1}{6}, \frac{3}{6}), (\frac{2}{6}, \frac{3}{6}), (\frac{3}{6}, \frac{5}{6}), (1,1)\right\}$. It is evident that $(L^X, \delta)$ is a $L$-topological space. By simple computations we can get $\omega = \Big\{(1,0)(1, \frac{1}{6}), (1, \frac{2}{6}), (1, \frac{3}{6}), (1, \frac{4}{6}), (1, \frac{5}{6}), (1,1), (\frac{5}{6}, 1), (\frac{5}{6}, \frac{5}{6}), (\frac{5}{6}, \frac{4}{6}), (\frac{4}{6}, \frac{2}{6}), (\frac{4}{6}, \frac{3}{6}), (\frac{4}{6}, \frac{4}{6}), (\frac{4}{6}, \frac{5}{6}), (\frac{4}{6}, 1), (\frac{3}{6}, \frac{2}{6}), (\frac{3}{6}, \frac{3}{6}), (\frac{3}{6}, \frac{4}{6}), (\frac{3}{6}, \frac{5}{6}), (\frac{3}{6}, 1), (\frac{2}{6}, \frac{2}{6}), (\frac{2}{6}, \frac{3}{6}), (\frac{2}{6}, \frac{4}{6}), (\frac{2}{6}, \frac{5}{6}), (\frac{2}{6}, 1), (\frac{1}{6}, \frac{2}{6}), (\frac{1}{6}, \frac{3}{6}), (\frac{1}{6}, \frac{4}{6}), (\frac{1}{6}, \frac{5}{6}), (\frac{1}{6}, 1), (0,0), (0, \frac{2}{6}), (0, \frac{3}{6}), (0, \frac{4}{6}),

$(0,\frac{5}{6}),(0,1)\}$.

Let $C=(0,\frac{2}{6})$, then $C_{\frown}=(0,\frac{2}{6})$, $D=(\frac{2}{6},0)$, then $D_{\frown}=(\frac{2}{6},0)$. Hence, $C_{\frown}\wedge D=(0,0)$ and $D_{\frown}\wedge C=(0,0)$, it shows that $C$ and $D$ are J-separated.

Let $E=(0,\frac{5}{6})$, then $E$ is J-connected, In fact, suppose that $E=F\vee G$, then $F$ and $G$ must be as the expression $(0,x)\neq 0$, where $x\in L$, let $F=(0,x_1)\neq 0$, $G=(0,x_2)\neq 0$, since $E=(0,\frac{5}{6})=F\vee G$, then $\max(x_1,x_2)=\frac{5}{6}$, $0<\min(x_1,x_2)$, and $(0,0)<(0,)\min(x_1,x_2))\leqslant F_{\frown}\wedge D$, $0<\min(x_1,x_2)\leqslant F\wedge D_{\frown}$ By the definition 3.2, $E=(0,\frac{5}{6})$ is J-connected.

**Theorem 3.1** Let $(L^X,\delta)$ be an $L$-ts. The following state means are equivalent:

(1) $(L^X,\delta)$ is not a J-connected space;

(2) There exit two non-null J-open sets $A$ and $B$ such that $A\vee B=1$, $A\wedge B=0$;

(3) There exit two non-null J-closed sets $A$ and $B$ such that $A\vee B=1$, $A\wedge B=0$.

Proof. (1) $\Rightarrow$(2): Let $(L^X,\delta)$ not be J-connected, then there exit two non-null $L$-sets $A$ and $B$ such that $A_{\frown}\wedge B=A\wedge B_{\frown}=0$ and $A\vee B=1$, then $(A_{\frown})^{\square}\wedge B=0$, it follows that $(A_{\frown})^{\square}\wedge(A\vee B)=((A_{\frown})^{\square}\wedge A)\vee((A_{\frown})^{\square}\wedge B)=A$. Hence, $A$ is a J-open set. Similarly, we can prove that $B$ is a J-open set . Thus (2) is held.

(2)$\Rightarrow$(1): Since $A$ and $B$ are two non-null J-open sets, $(A_{\frown})^{\square}=A$, $(B_{\frown})^{\square}=B$. By the condition, $A\wedge B=0$, we can get $(A_{\frown})^{\square}\wedge B=A\wedge(B_{\frown})^{\square}=0$. It is nature that (1) it is hold. (2)$\Leftrightarrow$(3) It is easy to be verified by De Morgan's duality.

In general topology, there are different ways to describe the connectedness, K. Fan's theorem that is the most interesting one, some one has been discussed it in different spheres. Now, we will extend it to the J-connectedness of $L$-ts.

**Definition 3.3** Let $(L^X,\delta)$ be an $L$-ts, $x_t\in M^*(L^X)$, $J_c$ denotes a J-closed set in $(L^X,\delta)$, $J$ is called a J-remote neighborhood , briefly, J-RN of $x_t$, if $x_t\notin J$. The set of all J-RNs of $x_t$ will be denoted by $\zeta(x_t)$.

**Theorem 3.2** Let $(L^X,\delta)$ be an $L$-ts and $A\in L^X$, $M^*(A)$ denotes of all points of $A$, $\zeta(x)$ denotes the set of all J-RNs of $x$ for each $x\in M^*(A)$, then $A$ is J-connected if and only if for each pair $a,b$ of points of $M^*(A)$ and each mapping $J:M^*(A)\to\cup\{\zeta(x):x\in M^*(A)\}$, where $J(x)\in\zeta(x)$ for each $x\in M^*(A)$. there exist in $M^*(A)$ a finite number of points $x_1=a,\dots,x_n=b$ , such that $A\leqslant J(x_i)\vee J(x_{i+1})$, $i=1,2,\dots,n-1$.

Proof. Sufficiency: Suppose that $A$ is not J-connected, then there are $B,C\in L^X$ and $B\neq 0$, $C\neq 0$, such that $B\wedge C_{\frown}=C\wedge B_{\frown}=0$ and $A=B\vee C$. Consider the mapping $J:M^*(A)\to\cup\{\zeta(x):x\in M^*(A)\}$ defined by $J(x)=C_{\frown}$ if $X\leqslant B$, $J(x)=B_{\frown}$ if $X\leqslant C$, and by $B\wedge C_{\frown}=C\wedge B_{\frown}=0$, we have $x\notin J(x)$, since $J(x)$ is a J-closed set, $J(x)\in\zeta(x)$ for each $x\in M^*(A)$. Take the point $a$ out of $B$ and take the point $b$ out of $C$, then $a, b \in M^*(A)$. Since for arbitrary finite points $x_1 = a, \ldots, x_n = b$, either $X_i \leqslant C$ or $X_i \leqslant B(i = 1, 2, \ldots, n)$ must be held. $J(x_i) = B_\wedge$ or $J(x_i) = C_\wedge$. But $J(x_1) = C_\wedge$ and $J(x_n) = B_\wedge$, hence there exist $0 \leqslant j \leqslant n-1$ such that $J(x_j) = C_\wedge$ and $J(x_{j+1}) = B_\wedge$. This is show that $A = J(x_j) \vee J(x_{j+1})$ a contradiction, thus sufficiency is proved.

Necessity. Suppose that condition of theorem is not held. There are points $a, b \in M^*(A), a \neq b$ and there is a mapping $J: M^*(A) \rightarrow \cup \{\zeta(x) : x \in M^*(A)\}$, where $J(x) \in \zeta(x)$ for each $x \in M^*(A)$, such that $A \not\leqslant J(x_i) \vee J(x_{i+1}), (i = 1, 2, \ldots, n-1)$ is not held for arbitrary finite points $x_1 \ldots, x_n \in M^*(A)$. For the sake of convenience, we follow the agreement that for arbitrary a. b $\in M^*(A)$, a and b are joined if there are finite points $x_1 \ldots, x_n \in M^*(A)$ such that $A \not\leqslant J(x_i) \vee J(x_{i+1}), i = 1, 2, \ldots, n-1$, otherwise a and b are not joined, let $\lambda_1 = \{x \in M^*(A) : a$ and $x$ are joined$\}$, $\lambda_2 = \{x \in M^*(A) : a$ and $x$ are not joined$\}$, $B = \vee \lambda_1$, $C = \vee \lambda_2$. Obviously, $a$ and $b$ are joined and so $a \in \lambda_1$ and $a \leqslant B$. By hypothesis $a$ and $b$ are not joined, so $b \in \lambda_2$ and $b \leqslant c$. Hence $B \neq 0, C \neq 0$. Since for each $x \in M^*(A), x \in \lambda_1$ or $x \in \lambda_2, A = B \vee C$, now we need only prove $B \wedge C_\wedge = C \wedge B_\wedge = 0$. Suppose that $C \wedge B_\wedge \neq 0$ and for each $x \leqslant C \wedge B_\wedge$. By $x \leqslant B_\wedge$, we have $B \not\leqslant J(x)$, and so there is $y \in \lambda_1$ such that $y \not\leqslant J(x)$. Hence $y \not\leqslant J(x) \vee J(y)$, and $y \leqslant B \leqslant A$. Thus $A \not\leqslant J(x) \vee J(y)$, $y$ and $a$ are joined, so $a$ and $x$ are joined. On the other hand, by $x \leqslant C$, we have $c \not\leqslant J(x)$, and so there is $z \in \lambda_2$ such that $z \not\leqslant J(x)$. Hence, $z \not\leqslant J(x) \vee J(z)$ and $z \leqslant C \leqslant A$. Thus $A \leqslant J(x) \leqslant J(z)$. By $x$ and $a$ are joined, $a$ and $z$ are joined, this contradicts to the $z \in \lambda_2$, thus $C \wedge B_\wedge = 0$. Similarly, we can prove the $B \wedge C_\wedge = 0$. Necessity is proved.

## References


[1] BAI S Z, WANG W L. I Type of strong connectivity in $L$-fuzzy topological spaces[J]. Fuzzy Sets and Systems, 1998, 99:357-362.

[2] BAI S Z. Strong connectedness in $L$-fuzzy topological spaces[J]. Fuzzy Math, 1995, 3: 751-759.

[3] ALI D M. Some other types of fuzzy connectedness[J]. Fuzzy Sets and Systems, 1992, 46:55-61.

[4] AZAD K K. On fuzzy semicontinuity, fuzzy almost continuity and weakly continuity[J]. Math Anal, 1992, 82:14-32.

[5] BAI S E. Fuzzy stongly semiopen sets and fuzzy strong semicontinuity[J]. Fuzzy Sets and Systems 1992, 52:345-351.

[6] BAI S E. Pre-semiclosed sets and ps-convergence in $L$-fuzzy Topological Spaces[J]. Fuzzy Math, 2001, 9:497-509.

[7] LIU Y M, LUO M K. Fuzzy Topology[M]. Singarpore: World Scientific Publishing.

[8] MASHOUR A S, GHANIM M H, FATH M A. Alla, On fuzzy non-continuous mappings, Bull [J]. ClcuttaMath. 1986, 78:57-69.

[9] WANG G J. Theory of $L$-fuzzy Topological Spaces[M]. Xi'an: Press of Shaanxi Normal University.

# 区间集上 $R_0$ -代数的表示形式

乔希民
（商洛学院 数学与计算机应用学院，陕西 商洛 726000）

**摘　要**：研究了与区间集理论相关的偏序关系和偏序集概念，详细讨论了区间集上的交、并、补、伪补、蕴涵及基本运算律，并以此为理论基础，在区间集上重新定义了 $R_0$-代数系统的表示形式，接着严格化地论证了该系统的可行性和合理性.

**关键词**：区间集；$R_0$-代数；构造性方法

**中图分类号**：O141　　　　**文献标志码**：A

# The Representation of $R_0$ -algebra on Interval Sets

QIAO Ximin
(Department of Mathematics and Computer Science, Shangluo University,
Shangluo 726000, Shaanxi, China)

**Abstract**: The partially order and poset with relation to interval sets are studied, the cap, cup, complement, pseudo-complement, implication and the basic operation laws are discussed in detail, based on the above theory, the representation of $R_0$-algebra system on interval sets is redefined, and the feasibility and rationality of the system are proved strictly.

**Key words**: interval sets; $R_0$-algebra; the constructive method

自美国模糊控制专家 Zadeh 于 1965 年发表模糊集理论[1]以来，在模糊集理论上的模糊逻辑就成为一种非古典的、非标准的现代逻辑，即形成了现代逻辑科学中以模糊逻辑为主要研究对象的非经典数理逻辑学[2]，而这种非经典数理逻辑学的完备性问题的讨论，则可归结为其相应代数系统的完备性研究. 例如，Chang 于 1958 年为研究 Łukasiewicz 逻辑系统所建

---

**基金项目**：陕西省自然科学基础研究计划项目（2013JM1023）；陕西省教育厅科研计划项目资助（11JK0512）；陕西省高等学校教学改革研究重点资助项目（13BZ56）

**作者简介**：乔希民（1960—），男，陕西洛南人，硕士，副教授，研究方向：非经典数理逻辑与格上拓扑学。

立的 $MV$-代数理论[3,4];1996 年,捷克逻辑学家 Hájek 提出了与基本逻辑系统 $BL$ 相对应的 $BL$-代数及其虑子理论[5],而我国数学家王国俊教授则提出了一种新的模糊命题演算的形式系统 $L^*$[6,7],继而经多次修改趋于完善的 $L^*$ 系统,被视为是一种基于 $R_0$ 型 $t$-模及其剩余蕴涵 $R_0$ 蕴涵算子,即为证明模糊逻辑形式系统 $L^*$ 的完备性而建立了与之相匹配的 $R_0$-代数系统[2,8]. 本文拟在国内外诸多学者对区间集[9-12]与相关 $R_0$-代数理论系统[13-15]研究的基础上,运用其基本思想方法,构造性的给出了区间集上 $R_0$-代数的表示形式,同时证明了区间集上 $R_0$-代数定义表示形式的可行性与合理性.

## 1 基本概念

**定义 1.1**[9-12] 设 $A=[A_l,A_u]$ 是一个区间集,其中 $A_l,A_u$ 是任意经典集合且 $A_l\subseteq A_u$. 区间集是用上、下界集合对来表示,且其定义如下:设 $U$ 为论域,$2^U$ 是 $U$ 的幂集,那么区间集上 $2^U$ 的子集形式为:$A=[A_l,A_u]=\{A\in 2^U \mid A_l\subseteq A\subseteq A_u\}$ 称其为一个闭区间集. 闭区间上的所有区间集的集合记为 $I(2^U)=\{[A_l,A_u] \mid A_l,A_u\subseteq U,A_l\subseteq A_u\}$.

**注 1.1** 当 $A_l=A_u$ 时,区间集 $A=[A_l,A_u]$ 成为经典集合 $A$,尤其全集 $U=[U,U]$,空集 $\varnothing=[\varnothing,\varnothing]$.

**定义 1.2**[9-12] 设 $A,B$ 是任意的区间集,则在 $I(2^U)$ 上定义 $\subseteq$ 如下:

$$A\subseteq B \text{ 当且仅当 } A_l\subseteq B_l \text{ 和 } A_u\subseteq B_u$$

**定理 1.1** 设 $A,B,C\in I(2^U)$,则下列各式成立:

(1) $\varnothing\subseteq A\subseteq U$;(有界性)

(2) $A\subseteq A$;(自反性)

(3) $A\subseteq B,B\subseteq A\Rightarrow A=B$;(反对称性)

(4) $A\subseteq B,B\subseteq C\Rightarrow A\subseteq C$. (传递性)

这样由定理 1.1 中的(2),(3),(4)易知 $\subseteq$ 是 $I(2^U)$ 上的一种偏序关系,带偏序的区间集集合 $\langle I(2^U),\subseteq\rangle$ 为偏序集.

## 2 区间集间的运算与性质

**定义 2.1**[9-13] 设 $A,B$ 是任意的区间集,那么区间集上的交、并、补、伪补与蕴涵规定为:$A\cap B\triangleq[A_l\cap B_l,A_u\cap B_u]$,称为区间集 $A$ 与 $B$ 的交集;

$A\cup B\triangleq[A_l\cup B_l,A_u\cup B_u]$,称为区间集 $A$ 与 $B$ 的并集;

$A'\triangleq[U-A_u,U-A_l]$,称为区间集 $A$ 的补集或余集;

$A^*\triangleq[U-A_l,U-A_l]$,称为区间集 $A$ 的伪补集;

$A\Rightarrow B\triangleq A'\cup B\cup(A^*\cap(B')^*)$,称为区间集 $A$ 蕴涵区间集 $B$,简称蕴涵区间集. 其中符号“$\triangleq$”表示“被定义为”.

**注 2.1** $A'$ 与 $A^*$ 是两种完全不同的定义方式.

**定理 2.1** 设 $A,B,C\in I(2^U)$,则

(1) 幂等律 $A\cup A=A,A\cap A=A$;

(2)交换律 $A\cup B=B\cup A, A\cap B=B\cap A$;

(3)结合律 $(A\cup B)\cup C=A\cup(B\cup C), (A\cap B)\cap C=A\cap(B\cap C)$;

(4)分配律 $A\cap(B\cup C)=(A\cap B)\cup(A\cap C), A\cup(B\cap C)=(A\cup B)\cap(A\cup C)$;

(5)吸收律 $(A\cap B)\cup A=A, (A\cup B)\cap A=A$;

(6)同一律 $A\cup U=U, A\cap U=A, A\cup \in \varnothing=A, A\cap\varnothing=\varnothing$;

(7)排中律 $A\cup A'=U, A\cap A'=\varnothing$;

(8)De Morgan 对偶律(ⅰ)区间补对偶律 $(A\cap B)'=A'\cup B', (A\cup B)'=A'\cap B'$,区间伪补对偶律 $(A\cap B)^*=A^*\cup B^*, (A\cup B)^*=A^*\cap B^*$.

该定理的证明只需直接利用定义 2.1,同时注意到经典集合运算的性质即可.

**注 2.2** 上述两个区间集的并、交运算可推广到任意多个区间集的并、交运算.

**定理 2.2**[9-12] 设 $A,B$ 是任意的区间集,则区间集的补 $A',B'$ 和区间集伪补 $A^*,B^*$ 之间的多重否定与多重伪补及混合运算,具有下列性质:

(1)$A'\subseteq A^*, A^{**}\subseteq A'^*$;

(2)$A''=A, A'''=A'$;

(3)$A'^*=[A_u,A_u], A^{*'}=A^{**}=[A_l,A_l]$;

(4)$A'^{*'*}=A'^*=[A_u,A_u]$;

(5)$A'^{*'}=A'^{**}=[U-A_u,U-A_u]$;

(6)$A''^*=A^{*'*}=A^{***}=A^{**'}=A^{*''}=A^*$;

(7)$A'\cup A^*=A^*, A'\cap A^*=A'$;

(8)$A\cup A^*=U, A\cap A^*=\varnothing$.

证明:直接根据定义 2.1 证得.

**定理 2.3**[9-12] 设 $A,B$ 是任意的区间集,则区间集补和区间集伪补所满足的对偶性质有:

(1)$(A\cap B)'^*=A'^*\cup B'^*$;

(2)$(A\cup B)'^*=A'^*\cap B'^*$;

(3)$(A\cap B)^{*'}=A^{*'}\cup B^{*'}$;

(4)$(A\cup B)^{*'}=A^{*'}\cap B^{*'}$.

证明:由定理 2.1 中的(8)证得.

**定理 2.4**[9-12] 如果′是 $I(2^U)\to I(2^U)$ 的一个自身逆序对合映射,即

(1)$A\subseteq B$ 当且仅当 $B'\subseteq A'$;(′是逆序对应)

(2)$A''=A$,(′是对合对应)则称格 $\langle I(2^U),\cap,\cup,',^*\rangle$ 为有余格.

## 3 区间集上 $R_0$-代数的表示形式

为方便起见,由定义 1.1、定理 2.1、定理 2.2 还可将区间蕴涵表示为:

**命题 3.1**[13] 设 $A,B$ 是任意的区间集,′为区间集上的补,⇒为区间集的蕴涵,则

(1)$A\Rightarrow B=[(U-A_u)\cup B_l\cup((U-A_l)\cap B_u),(U-A_l)\cup B_u]$;

(2)$A\Rightarrow B=[((U-A_l)\cup B_l)\cap((U-A_u)\cup B_u),(U-A_l)\cup B_u]$;

(3) $A' \Rightarrow B = [A_l \cup B_l \cup (A_u \cap B_u), A_u \cup B_u]$，记 $A \triangle B \triangleq A' \Rightarrow B$；

(4) $(A \Rightarrow B')' = [A_l \cap B_l, A_u \cap B_u \cap (A_l \cup B_l)] = (A' \triangle B')'$，记 $A \otimes B \triangleq (A' \triangle B')' = (A' \Rightarrow B')'$.

**命题 3.2** 设 $X, Y, Z$ 是任意的区间集，则 $\Rightarrow: I(2^U) \times I(2^U) \to I(2^U)$ 是一映射，$\subseteq$ 是 $I(2^U)$ 上的偏序，$U$ 是 $I(2^U)$ 上的有界最大元，$'$ 是关于序 $\subseteq$ 逆序对合对应，且满足以下性质：

(1) $X' \Rightarrow Y' = Y \Rightarrow X$；

(2) $U \Rightarrow X = X, X \Rightarrow X = U$；

(3) $Y \Rightarrow Z \subseteq (X \Rightarrow Y) \Rightarrow (X \Rightarrow Z)$；

(4) $X \Rightarrow (Y \Rightarrow Z) = Y \Rightarrow (X \Rightarrow Z)$；

(5) $X \Rightarrow (Y \cup Z) = (X \Rightarrow Y) \cup (X \Rightarrow Z), X \Rightarrow (Y \cap Z) = (X \Rightarrow Y) \cap (X \Rightarrow Z)$；

(6) $(X \Rightarrow Y) \cup ((X \Rightarrow Y) \Rightarrow (X' \cup Y)) = U$.

证明：(1) 由区间集蕴涵定义及定理 2.1、定理 2.2 得

$$X' \Rightarrow Y' = X'' \cup Y' \cup (X'^* \cap Y''^*) = X \cup Y' \cup (X'^* \cap Y^*) = Y' \cup X \cup (Y^* \cap X'^*) = Y \Rightarrow X.$$

故证得性质(1)成立.

(2) 根据区间集蕴涵的区间表示式得

$$U \Rightarrow X = [(U-U) \cup X_l \cup ((U-U) \cap X_u), (U-U) \cup X_u] = [X_l, X_u] = X, \text{即 } U \Rightarrow X = X;$$

$$X \Rightarrow X = [((U-X_l) \cup X_l) \cap ((U-X_u) \cup X_u), (U-X_l) \cup X_u] = [U, U] = U.$$

故证得性质(2)成立.

(3) 依区间集蕴涵的意义得

$$Y \Rightarrow Z = [(U-Y_u) \cup Z_l \cup ((U-Y_l) \cap Z_u), (U-Y_l) \cup Z_u],$$

$$X \Rightarrow Y = [(U-X_u) \cup Y_l \cup ((U-X_l) \cap Y_u), (U-X_l) \cup Y_u],$$

$$X \Rightarrow Z = [(U-X_u) \cup Z_l \cup ((U-X_l) \cap Z_u), (U-X_l) \cup Z_u],$$

则 $(X \Rightarrow Y) \Rightarrow (X \Rightarrow Z) = [(U-((U-X_l) \cup Y_u)) \cup (U-X_u) \cup Z_l \cup ((U-X_l) \cap Z_u) \cup ((U-((U-X_u) \cup Y_l \cup ((U-X_l) \cap Y_u))) \cap ((U-X_l) \cup Z_u)), (U-((U-X_u) \cup Y_l \cup ((U-X_l) \cap Y_u))) \cup ((U-X_l) \cup Z_u)]$

$= [(X_l \cap (U-Y_u)) \cup (U-X_u) \cup Z_l \cup ((U-X_l) \cap Z_u) \cup ((X_u \cap (U-Y_l) \cap (X_l \cup (U-Y_u))) \cap ((U-X_l) \cup Z_u), (X_u \cap (U-Y_l) \cap (X_l \cup (U-Y_u))) \cup (U-X_l) \cup Z_u]$

$= [(X_l \cap (U-Y_u)) \cup (U-X_u) \cup Z_l \cup ((U-X_l) \cap Z_u) \cup ((X_u \cap (U-Y_l) \cap (X_l \cup (U-Y_u))) \cap Z_u) \cup ((X_u \cap (U-Y_l) \cap (X_l \cup (U-Y_u))) \cap (U-X_l)), ((X_u \cup (U-X_l)) \cap ((U-Y_l) \cup (U-X_l)) \cap (X_l \cup (U-Y_u) \cup (U-X_l))) \cup Z_u]$

$= [(X_l \cap (U-Y_u)) \cup (U-X_u) \cup Z_l \cup (((U-X_l) \cup (X_u \cap (U-Y_l) \cap (X_l \cup (U-Y_u)))) \cap Z_u) \cup (X_u \cap (U-Y_l) \cap ((X_l \cap (U-X_l)) \cup ((U-Y_u) \cap (U-X_l)))), (U \cap ((U-Y_l) \cup (U-X_l)) \cap U) \cup Z_u]$

$= [(X_l \cap (U-Y_u)) \cup (U-X_u) \cup Z_l \cup (((U-X_l) \cup X_u) \cap ((U-X_l) \cup (U-Y_l)) \cap ((U-X_l) \cup X_l \cup (U-Y_u)) \cap Z_u) \cup (X_u \cap (U-Y_l) \cap ((X_l \cap (U-X_l)) \cup ((U-Y_u) \cap (U-X_l)))), ((U-Y_l) \cup (U-X_l)) \cup Z_u] = [(X_l \cap (U-Y_u)) \cup (U-X_u) \cup Z_l \cup (((U-X_l) \cup (U-Y_l)) \cap Z_u) \cup (X_u \cap (U-Y_u) \cap (U-X_l)), (U-Y_l) \cup (U-X_l) \cup Z_u]$

$=[((X_l\cup(X_u\cap(U-X_l)))\cap(U-Y_u))\cup(U-X_u)\cup Z_l\cup((U-X_l)\cap Z_u)\cup((U-Y_l)\cap Z_u),$
$(U-Y_l)\cup(U-X_l)\cup Z_u)]$

$=[((U-Y_u)\cap X_u)\cup(U-X_u)\cup Z_l\cup((U-X_l)\cap Z_u)\cup((U-Y_l)\cap Z_u),(U-Y_l)\cup(U-X_l)\cup Z_u]$

$=[(U-Y_u)\cup(U-X_l)\cup Z_l\cup((U-X_l)\cap Z_u)\cup((U-Y_l)\cap Z_u),(U-Y_l)\cup(U-X_l)\cup Z_u],$

由此可见，

$(U-Y_u)\cup Z_l\cup((U-Y_l)\cap Z_u)\subseteq(U-Y_u)\cup Z_l\cup((U-Y_l)\cap Z_u)\cup(U-X_u)\cup((U-X_l)\cap Z_u),(U-Y_l)\cup Z_u\subseteq(U-Y_l)\cup Z_u\cup(U-X_l).$

从而证得性质(3)成立.

(4)利用区间集蕴涵的意义与定理2.1,2.2,2.3得

$X\Rightarrow(Y\Rightarrow Z)=X'\cup(Y\Rightarrow Z)\cup(X^*\cap(Y\Rightarrow Z)'^*)$

$=X'\cup Y'\cup Z\cup(Y^*\cap Z'^*)\cup(Z^*\cap(Y'\cup Z\cup(Y^*\cap Z'^*))'^*)$

$=X'\cup Y'\cup Z\cup(Y^*\cap Z'^*)\cup(X^*\cap(Y^*\cup Z'^*\cup(Y^*\cap Z'^*)))$

$=X'\cup Y'\cup Z\cup(Y^*\cap Z'^*)\cup(X^*\cap Y^*)\cup(X^*\cap(Z'^*\cup(Y^*\cap Z'^*)))$

$=X'\cup Y'\cup Z\cup(Y^*\cap Z'^*)\cup(X^*\cap Y^*)\cup(X^*\cap Z'^*)\cup(X^*\cap Y^*\cap Z'^*).$

同时有 $Y\Rightarrow(X\Rightarrow Z)=Y'\cup(X\Rightarrow Z)\cup(Y^*\cap(X\Rightarrow Z)'^*)$

$=Y'\cup X'\cup Z\cup(X^*\cap Z'^*)\cup(Y^*\cap(X'\cup Z\cup(X^*\cap Z'^*))'^*)$

$=Y'\cup(X'\cup Z\cup(X^*\cap Z'^*)\cup(Y^*\cap(X'\cup Z'^*\cup(X^*\cap Z'^*)))$

$=X'\cup Y'\cup Z\cup(X^*\cap Z'^*)\cup(Y^*\cap X^*)\cup(Y^*\cap Z'^*)\cup(Y^*\cap X^*\cap Z'^*).$

故性质(4)成立.

(5)因为$X\Rightarrow(Y\cup Z)=X'\cup(Y\cup Z)\cup(X^*\cap(Y\cup Z)'^*)$

$=X'\cup Y\cup Z\cup(X^*\cap(Y'^*\cup Z'^*))$

$=X'\cup Y\cup Z\cup(X^*\cap Y'^*)\cup(X^*\cap Z'^*),$

$(X\Rightarrow Y)\cup(X\Rightarrow Z)=X'\cup Y\cup(X^*\cap Y'^*)\cup X'\cup Z\cup(X^*\cap Z'^*)$

$=X'\cup Y\cup Z\cup(X^*\cap Y'^*)\cup(X^*\cap Z'^*),$

从而有 $X\Rightarrow(Y\cup Z)=(X\Rightarrow Y)\cup(X\Rightarrow Z).$

同理可证 $X\Rightarrow(Y\cap Z)=(X\Rightarrow Y)\cap(X\Rightarrow Z).$

故证得性质(5)成立.

(6)由区间集蕴涵、补及并的定义有

$$X\Rightarrow Y=[(U-X_u)\cup Y_l\cup((U-X_l)\cap Y_u),(U-X_l)\cup Y_u],$$

$$X'=[U-X_u,U-X_l],X'\cup Y=[(U-X_u)\cup Y_l,(U-X_l)\cup Y_u].$$

从而进一步得到$(X\Rightarrow Y)\cup((X\Rightarrow Y)\Rightarrow(X'\cup Y))=[(U-X_u)\cup Y_l\cup((U-X_l)\cap Y_u)\cup(U-((U-X_l)\cup Y_u))\cup(U-X_u)\cup Y_l\cup((U-((U-X_u)\cup Y_l\cup((U-X_l)\cap Y_u)))\cap((U-X_l)\cup Y_u)),(U-X_l)\cup Y_u\cup(U-((U-X_u)\cup Y_l\cup((U-X_l)\cap Y_u)))\cup(U-X_l)\cup Y_u].$

因为上式区间集较为冗长,所以分别计算证明其上确界值和下确界值.

在上式区间集上确界值中,利用经典集合排中律及幂等律得

$(U-X_u)\cup Y_l\cup((U-X_l)\cap Y_u)\cup((U-((U-X_u)\cup Y_l\cup((U-X_l)\cap Y_u)))\cap((U-X_l)\cup Y_u))$

$=(((U-X_u)\cup Y_l\cup((U-X_l)\cap Y_u))\cup(U-((U-X_u)\cup Y_l\cup((U-X_l)\cap Y_u))))\cap(((U$

$-X_u)\cup Y_l\cup((U-X_l)\cap Y_u))\cup((U-X_l)\cup Y_u))$

$=U\cap(((U-X_u)\cup Y_l\cup((U-X_l)\cap Y_u))\cup((U-X_l)\cup Y_u))$

$=(U-X_u)\cup Y_l\cup((U-X_l)\cap Y_u)\cup(U-X_l)\cup Y_u,$

所以上式区间集的上确界值为

$$((U-((U-X_l)\cup Y_u))\cup((U-X_l)\cup Y_u))\cup(U-X_u)\cup Y_l\cup((U-X_l)\cap Y_u)$$
$$=U\cup((U-X_u)\cup Y_l\cup((U-X_l)\cap Y_u))=U,$$

而

$$(U-X_l)\cup Y_u\cup(U-((U-X_u)\cup Y_l\cup((U-X_l)\cap Y_u)))\cup(U-X_l)\cup Y_u$$
$$=(U-X_l)\cup Y_u\cup(X_u\cap(U-Y_l)\cap(X_l\cup(U-Y_u)))$$
$$=(U-X_l)\cup((X_u\cup Y_u)\cap(Y_u\cup(U-Y_l))\cap(X_l\cup Y_u\cup(U-Y_u)))$$
$$=(U-X_l)\cup(X_u\cup Y_u)=((U-X_l)\cup X_u)\cup Y_u=U.$$

因此$(X\Rightarrow Y)\cup((X\Rightarrow Y)\Rightarrow(X'\cup Y))=U$.

故证得性质(6)成立.

**注 3.1** 在命题3.2中,性质(1)-(6)均可用定义2.1及命题3.1证得.

这样,受文献[2,8]的启发,给出区间集上 $R_0$-代数的定义如下:

**定义 3.1** 设 $X,Y,Z$ 是任意的区间集,一个(2,2,2,1,1,0,0)型代数$\langle I(2^U),\Rightarrow,\subseteq,\cup,',^*,U,\varnothing\rangle$是区间集上 $R_0$-代数,若以下条件成立:

$R_0IS$-1 $X'\Rightarrow Y'=Y\Rightarrow X$; $R_0IS$-2 $U\Rightarrow X=X, X\Rightarrow X=U$;

$R_0IS$-3 $Y\Rightarrow Z\subseteq(X\Rightarrow Y)\Rightarrow(X\Rightarrow Z)$; $R_0IS$-4 $X\Rightarrow(Y\Rightarrow Z)=Y\Rightarrow(X\Rightarrow Z)$;

$R_0IS$-5 $X\Rightarrow(Y\cup Z)=(X\Rightarrow Y)\cup(X\Rightarrow Z), X\Rightarrow(Y\cap Z)=(X\Rightarrow Y)\cap(X\Rightarrow Z)$;

$R_0IS$-6 $(X\Rightarrow Y)\cup((X\Rightarrow Y)\Rightarrow(X'\cup Y))=U$.

## 4 结束语

本文是基于区间集上 $R_0$-代数的讨论,对此区间集上 $R_0$-代数的定义是否可以进一步简化,具有哪些特征刻画,以及如何在区间集上建立相应的模糊逻辑形式系统 ISL* 等问题的研究,都将是我们另文所要深入探讨的课题.

## 参考文献

[1] LOTFI A Z. Fuzzy sets[J]. Information and Control,1965,8(3):338-353.

[2] 王国俊.非经典数理逻辑与近似推理[M].2版.北京:科学出版社,2008.

[3] CHANG C C. Algebacic analysis of many-valued logics[J]. Transations of the Aemerican Mathematical Society ,1958,88:467-490.

[4] CHANG C C. A new proof of the completeness of the Lukasiewicz axioms[J]. Transations of the American Mathematical Society ,1959,93:74-90.

[5] HÁJEK P. Metamathematics of fuzzy logic[M]. Boston:Kluwer Academic Publishers,1998.

[6] 王国俊.模糊命题演算的一种形式演绎系统[J].科学通报,1997,42(10):1041-1045.

[7] WANG G J. On the logic foundation of fuzzy reasoning[J]. Information Sciences, 1999, 177(1):47-88.

[8] WANG G J, ZHOU H J. Introduction to Mathematical logic and Resolution Principle (The Second Edition)[M]. Znd ed. Beijing: Science Press, 2009.

[9] Yao Y Y. Interval sets and Interval-set Algebras[C]. The 8th IEEE International Conference on Cognitive informatics. Hong Kong: IEEE Computer Society, 2009:307-314.

[10] 姚一豫. 区间集[C]//王国胤,李德毅,姚一豫,等. 云模型与粒计算[M]. 北京:科学出版社,2012.

[11] YAO Y Y. Two views of theory of rough sets in finite universes[J]. International Journal of Approximation Rersoning, 1996, 15(4):291-317.

[12] 薛战熬,杜浩翠,尹昊喆,等. 区间集上的格蕴涵代数、*FI*-代数 *MV*-代数的研究[J]. 计算机科学,2010,37(12):218-223.

[13] 裴道武. 基于三角模的模糊逻辑理论及其应用[M]. 北京:科学出版社,2013.

[14] 张小红. 模糊逻辑及其代数分析[M]. 北京:科学出版社,2008.

[15] 乔希民,吴洪博. 格上 $BR_0$-代数结构的表示定理[J]. 山东大学学报:理学版,2010,45(9):38-42.

# 模糊区间软布尔代数

刘卫锋,何　霞

(郑州航空工业管理学院 数理系,河南 郑州 450015)

**摘　要**:将模糊区间软集与布尔代数相结合,定义了模糊区间软布尔代数,并证明了模糊区间软布尔代数的扩展交、严格交、扩展并及直积等也是模糊区间软布尔代数.然后,分别研究了模糊区间软布尔子代数和理想模糊区间软布尔代数的性质.最后,研究了模糊区间软布尔代数的模糊区间软同态,得到了模糊区间软布尔代数的模糊区间软同态定理.本文推广了软布尔代数和模糊软布尔代数的研究结果,丰富了软集代数理论.

**关键词**:布尔代数;模糊区间软布尔代数;模糊软布尔代数;模糊区间软同态

**中图分类号**:O174　　　　**文献标志码**:A

# Fuzzy Interval Soft Boolean Algebras

LIU Weifeng, HE Xia

(Department of Mathematics and Physics, Zhengzhou Institute of Aeronautical Industry Management, Zhengzhou 450015, Henan, China)

**Abstract**: By combining fuzzy interval soft sets with Boolean algebras, the concepts of fuzzy interval soft Boolean algebras was defined, and it was proved that extended intersection, restrict intersection, extended union and direct product of fuzzy interval soft Boolean algebras are fuzzy interval soft Boolean algebras respectively. Then, the properties of fuzzy interval soft Boolean subalgebras and ideal fuzzy interval soft Boolean algebras were investigated respectively. Lastly, fuzzy interval soft homomorphism of fuzzy interval soft Boolean algebras was researched, and the fuzzy interval soft homomorphism theorem of fuzzy interval soft Boolean algebras was obtained. The related results of soft Boolean algebras and fuzzy soft Boolean algebras were generalized and algebraic theory

---

**基金项目**:航空科学基金项目(2013ZD55006);河南省高等学校青年骨干教师资助计划项目(2013GGJS-142)

**作者简介**:刘卫锋(1976—),男,河南沈丘人,副教授,硕士,主要研究方向为数学建模、模糊数学,email:lwf0519@163.com。

about soft sets was developed.

**Keywords**: Boolean algebras; fuzzy interval soft Boolean algebras; fuzzy soft Boolean algebras; fuzzy interval soft homomorphism

1999 年 Molodtsov 在文献[1]中提出软集的概念,由于该理论弥补了模糊集、粗糙集、区间数等不确定理论的不足,引起了学者的广泛关注.文献[2-4]研究了软集的运算和相等,完善了软集的运算体系,文献[5-8]提出了模糊软集、直觉模糊软集、区间软集和模糊区间软集,拓展了软集.软代数理论也取得了极大的进步,其中,文献[9-14]分别提出了软群、软环、软半环、软 BCK/BCI 代数、软 BL 代数、软布尔代数,文献[15-18]分别得到了模糊软群、模糊软半群、模糊软环和模糊布尔代数.

在上述研究基础上,我们尝试将文献[8]提出模糊区间软集与布尔代数[19]相结合.首先,定义了模糊区间软布尔代数,并研究了其相关性质.其次,对模糊区间软布尔子代数进行了定义和研究.然后,类似于模糊区间软布尔代数的研究,对模糊理想区间软布尔代数进行了研究.最后,定义并研究了模糊区间软布尔代数的模糊区间软同态,得到了模糊区间软布尔代数的模糊区间软同态定理.本文研究推广了文献[14,18]中软布尔代数和模糊软布尔代数的研究结果,丰富了软集代数理论.

## 1 预备知识

**定义 1.1**[1] 设 $X$ 是一个集合,$P(X)$是其幂集,$E$ 是指标集,$A\subseteq E$,称$(F,A)$是 $X$ 上的一个软集,其中 $F:A\to P(X)$是一个映射.

**定义 1.2**[8] 设 $X$ 是论域,$\tilde{P}(X)$表示 $X$ 的模糊幂集,$S=[S_l,S_u]=\{S\in\tilde{P}(X)\mid S_l\subseteq S\subseteq S_u\}$称为模糊区间集.

**定义 1.3**[8] 设 $X$ 是论域,$E$ 是指标集,$A\subseteq E$,称$(F,A)$是 $X$ 上的一个模糊区间软集,其中,$F:A\to I(\tilde{P}(X))$是一个映射,$I(\tilde{P}(X))$表示 $X$ 上的模糊区间幂集.

$I(\tilde{P}(X))$上的偏序关系$\leqslant$定义为

$$[A_l,A_u]\leqslant[B_l,B_u]\Leftrightarrow A_l\subseteq B_l,A_u\subseteq B_u,\text{其中}[A_l,A_u],[B_l,B_u]\in I(\tilde{P}(X))$$

**定义 1.4**[8] 设$(F_1,A_1),(F_2,A_2)\in I(\tilde{P}(X))$,则定义:

(1)"扩展交"运算

$$(F,A)=(F_1,A_1)\tilde{\cap}(F_2,A_2),\text{其中 }A=A_1\cup A_2,F(x)=\begin{cases}F_1(x)=[A_l^1,A_u^1],x\in A_1-A_2\\F_2(x)=[A_l^2,A_u^2],x\in A_2-A_1\\F_1(x)\cap F_2(x)=[A_l^3,A_u^3],x\in A_1\cap A_2\end{cases},$$

这里$[A_l^3,A_u^3]=[A_l^1,A_u^1]\cap[A_l^2,A_u^2]=[A_l^1\cap A_l^2,A_u^1\cap A_u^2]$.

(2)"扩展并"运算

$$(F,A)=(F_1,A_1)\tilde{\cup}(F_2,A_2),\text{其中 }A=A_1\cup A_2,F(x)=\begin{cases}F_1(x)=[A_l^1,A_u^1],x\in A_1-A_2\\F_2(x)=[A_l^2,A_u^2],x\in A_2-A_1\\F_1(x)\cup F_2(x)=[A_l^3,A_u^3],x\in A_1\cap A_2\end{cases},$$

这里$[A_l^3, A_u^3] = [A_l^1, A_u^1] \cup [A_l^2, A_u^2] = [A_l^1 \cup A_l^2, A_u^1 \cup A_u^2]$.

(3)“严格交”运算

$$(F, A) = (F_1, A_1) \cap_{\varepsilon} (F_2, A_2),$$

其中$A = A_1 \cap A_2$, $\forall x \in A$, $F(x) = F_1(x) \cap F_2(x)$.

(4)“与”运算

$$(F, A) = (F_1, A_1) \wedge (F_2, A_2),$$

其中$A = A_1 \times A_2$, $\forall (x, y) \in A_1 \times A_2$, $F(x, y) = F_1(x) \cap F_2(y)$.

**定义 1.5**[19] 具有两个二元代数运算+, · 的代数系统$<B, +, \cdot, 0, 1>$称为布尔代数,若$B$中至少含有两个不同元,且下面公理成立:

(1)交换律$\forall a, b \in B, a+b=b+a, ab=ba$,(其中$ab$为$a \cdot b$);

(2)结合律$\forall a, b, c \in B, (a+b)+c=a+(b+c), (ab)c=a(bc)$;

(3)分配律$\forall a, b, c \in B, a(b+c)=ab+ac, a+bc=(a+b)(a+c)$;

(4)0-1 律$\exists 0, 1 \in B, \forall a \in B, a+0=a, a1=a$;

(5)互补律$\forall a \in B, \exists \bar{a} \in B, a+\bar{a}=1, a\bar{a}=0$.

## 2 模糊区间软布尔代数

**定义 2.1** 设$A_l, A_u$是布尔代数$B$上的两个模糊子代数,且$A_l \subseteq A_u$,则称$[A_l, A_u]$为布尔代数$B$的模糊区间子代数.

**定义 2.2** 设$(F, A)$是布尔代数$B$上的一个模糊区间软集,称$(F, A)$是$B$上的模糊区间软布尔代数,若$\forall x \in A$,有$F(x) = [A_l, A_u]$,其中$[A_l, A_u]$为$B$的模糊区间子代数.

上述定义中,若$\forall x \in A$,有$F(x) = [A_l, A_u]$,且$A_l = A_u$. 则显然模糊区间软布尔代数就退化为文献[18]中的模糊软布尔代数,因此,模糊软布尔代数是模糊区间软布尔代数的特例.

**例 2.1** $B = <2^{\{a,b,c\}}, \cup, \cap, \Phi, \{a, b, c\}>$为布尔代数,令参数集$A = \{x, y, z\}$,则$(F, A)$是$B$上的一个模糊区间软集,其中$F(x), F(y), F(z)$定义如下:

$$F(x) = \left[\left\{\frac{0.8}{\Phi}, \frac{0.8}{\{a\}}, \frac{0.6}{\{b\}}, \frac{0.6}{\{c\}}, \frac{0.6}{\{a,b\}}, \frac{0.6}{\{a,c\}}, \frac{0.8}{\{b,c\}}, \frac{0.8}{\{a,b,c\}}\right\}, \left\{\frac{0.9}{\Phi}, \frac{0.9}{\{a\}}, \frac{0.7}{\{b\}}, \frac{0.7}{\{c\}}, \frac{0.7}{\{a,b\}}, \frac{0.7}{\{a,c\}}, \frac{0.9}{\{b,c\}}, \frac{0.9}{\{a,b,c\}}\right\}\right],$$

$$F(y) = \left[\left\{\frac{0.6}{\Phi}, \frac{0.3}{\{a\}}, \frac{0.6}{\{b\}}, \frac{0.3}{\{c\}}, \frac{0.3}{\{a,b\}}, \frac{0.6}{\{a,c\}}, \frac{0.3}{\{b,c\}}, \frac{0.6}{\{a,b,c\}}\right\}, \left\{\frac{1.0}{\Phi}, \frac{0.8}{\{a\}}, \frac{1.0}{\{b\}}, \frac{0.8}{\{c\}}, \frac{0.8}{\{a,b\}}, \frac{1.0}{\{a,c\}}, \frac{0.8}{\{b,c\}}, \frac{1.0}{\{a,b,c\}}\right\}\right],$$

$$F(z) = \left[\left\{\frac{0.9}{\Phi}, \frac{0.4}{\{a\}}, \frac{0.4}{\{b\}}, \frac{0.9}{\{c\}}, \frac{0.9}{\{a,b\}}, \frac{0.4}{\{a,c\}}, \frac{0.4}{\{b,c\}}, \frac{0.9}{\{a,b,c\}}\right\}, \left\{\frac{1.0}{\Phi}, \frac{1.0}{\{a\}}, \frac{1.0}{\{b\}}, \frac{1.0}{\{c\}}, \frac{1.0}{\{a,b\}}, \frac{1.0}{\{a,c\}}, \frac{1.0}{\{b,c\}}, \frac{1.0}{\{a,b,c\}}\right\}\right].$$

**定理 2.1** 设$(F, A)$是布尔代数$B$上的一个模糊区间软布尔代数,若$C \subseteq A$,则$(F|_C, C)$是$B$上的一个模糊区间软布尔代数,其中$F|_C$表示$F$在$C$上的限制.

**定理2.2** 设$(F_1,A_1)$，$(F_2,A_2)$是布尔代数$B$上的两个模糊区间软布尔代数，则扩展交$(F_1,A_1)\tilde{\cap}(F_2,A_2)$是$B$上的模糊区间软布尔代数.

证明：令$(F,A)=(F_1,A_1)\tilde{\cap}(F_2,A_2)$. 则由扩展交定义可知，需分三种情况讨论：

1）若$x\in A_1-A_2$，则$F(x)=F_1(x)=[A_l^1,A_u^1]$，其中$[A_l^1,A_u^1]$为$B$的模糊区间子代数；

2）若$x\in A_2-A_1$，则$F(x)=F_2(x)=[A_l^2,A_u^2]$，其中$[A_l^2,A_u^2]$均为$B$的模糊区间子代数；

3）若$x\in A_1\cap A_2$，由于$A_l^1,A_u^1,A_l^2,A_u^2$均为$B$的模糊子代数，且$A_l^1\subseteq A_u^1$，$A_l^2\subseteq A_u^2$，所以$F(x)=F_1(x)\cap F_2(x)=[A_l^3,A_u^3]$，$A_l^3=A_l^1\cap A_l^2$，$A_u^3=A_u^1\cap A_u^2$也分别为$B$的模糊子代数. 又因为$A_l^1\cap A_l^2\subseteq A_u^1\cap A_u^2$，即$A_l^3\subseteq A_u^3$，所以$F(x)=[A_l^3,A_u^3]$是$B$的模糊区间子代数.

由上面证明可知，$(F_1,A_1)\tilde{\cap}(F_2,A_2)$是$B$上的模糊区间软布尔代数.

**推论2.1** 设$(F_1,A_1)$，$(F_2,A_2)$是布尔代数$B$上的两个模糊区间软布尔代数，若$A_1\cap A_2\neq\Phi$，则严格交$(F_1,A_1)\cap_{\varepsilon}(F_2,A_2)$是$B$上的模糊区间软布尔代数.

**定理2.3** 设$(F_1,A_1)$，$(F_2,A_2)$是布尔代数$B$上的两个模糊区间软布尔代数，若$A_1\cap A_2=\Phi$，则扩展并$(F_1,A_1)\tilde{\cup}(F_2,A_2)$是$B$上的模糊区间软布尔代数.

**定理2.4** 设$(F_1,A_1)$，$(F_2,A_2)$是布尔代数$B$的两个模糊区间软布尔代数，则$(F_1,A_1)\wedge(F_2,A_2)$是$B$的模糊区间软布尔代数.

证明：设$(F,A)=(F_1,A_1)\wedge(F_2,A_2)$，其中$A=A_1\times A_2$，则有$\forall(x,y)\in A_1\times A_2$，$F(x,y)=F_1(x)\cap F_2(y)$. 由于$(F_1,A_1)$，$(F_2,A_2)$均为$B$上的模糊区间软布尔代数，因此$F_1(x)=[A_l^1,A_u^1]$，其中$[A_l^1,A_u^1]$为$B$的模糊区间子代数；$F_2(y)=[A_l^2,A_u^2]$，其中$[A_l^2,A_u^2]$为$B$的模糊区间子代数，从而$F(x,y)=F_1(x)\cap F_2(y)=[A_l^3,A_u^3]$，其中$A_l^3=A_l^1\cap A_l^2$，$A_u^3=A_u^1\cap A_u^2$也分别为$B$的模糊子代数. 又因为$A_l^3=A_l^1\cap A_l^2\subseteq A_u^1\cap A_u^2=A_u^3$，$[A_l^3,A_u^3]$为$B$的模糊区间子代数，故$(F_1,A_1)\wedge(F_2,A_2)$是$B$上的模糊区间软布尔代数.

现将定理2.1-2.4推广到任意指标集.

**定理2.5** 设$(F_i,A_i)$（$i\in I$，$I$为指标集）是布尔代数$B$上的模糊区间软布尔代数，则：

(1) $\tilde{\bigcap}_{i\in I}(F_i,A_i)$是$B$上的模糊区间软布尔代数.

(2) 若$A_i\cap A_j\neq\Phi$，$i\neq j$，则$\tilde{\bigcap}_{i\in I^{\varepsilon}}(F_i,A_i)$是$B$上的模糊区间软布尔代数.

(3) 若$A_i\cap A_j=\Phi$，$i\neq j$，则$\tilde{\bigcup}_{i\in I}(F_i,A_i)$是$B$上的模糊区间软布尔代数.

(4) $\bigwedge_{i\in I}(F_i,A_i)$是$B$上的模糊区间软布尔代数.

**定义2.3** 设$(F_1,A_1)$，$(F_2,A_2)$分别是布尔代数$B_1$，$B_2$上的模糊区间软布尔代数，$(F_1,A_1)$与$(F_2,A_2)$的直积$(F_1,A_1)\times(F_2,A_2)$定义为：$(F_1,A_1)\times(F_2,A_2)=(F,A)$，其中$A=A_1\times A_2$，$\forall(x,y)\in A_1\times A_2$，$F(x,y)=F_1(x)\times F_2(y)=[A_l^1\times A_l^2,A_u^1\times A_u^2]$，这里$F_1(x)=[A_l^1,A_u^1]$，$[A_l^1,A_u^1]$为$B_1$的模糊区间子代数；$F_2(y)=[A_l^2,A_u^2]$，$[A_l^2,A_u^2]$为$B_2$的模糊区间子代数.

**定理2.6** 设$(F_1,A_1)$，$(F_2,A_2)$分别是布尔代数$B_1$，$B_2$上的模糊区间软布尔代数，则直积$(F_1,A_1)\times(F_2,A_2)$是$B_1\times B_2$上的模糊软布尔代数.

证明：设$(F,A)=(F_1,A_1)\times(F_2,A_2)$，其中$A=A_1\times A_2$. 由定义2.2，对于$\forall(x,y)\in A_1\times A_2$，

由于$(F_1,A_1)$,$(F_2,A_2)$分别是$B_1$,$B_2$上的模糊区间软布尔代数,因此,$F_1(x)=[A_l^1,A_u^1]$,$[A_l^1,A_u^1]$为$B_1$的模糊区间子代数;$F_2(y)=[A_l^2,A_u^2]$,$[A_l^2,A_u^2]$为$B_2$的模糊区间子代数,于是$F(x,y)=F_1(x)\times F_2(y)=[A_l^1\times A_l^2,A_u^1\times A_u^2]$,其中$A_l^1\times A_l^2$,$A_u^1\times A_u^2$均是$B_1\times B_2$的模糊子代数,且由$A_l^1\subseteq A_u^1$,$A_l^2\subseteq A_u^2$可知,$A_l^1\times A_l^2\subseteq A_u^1\times A_u^2$,即$F(x,y)=[A_l^1\times A_l^2,A_u^1\times A_u^2]$是$B_1\times B_2$的模糊区间子代数. 因此$(F_1,A_1)\times(F_2,A_2)$是$B_1\times B_2$上的模糊区间软布尔代数.

## 3 模糊区间软布尔子代数

**定义3.1** 设$(F_1,A_1)$,$(F_2,A_2)$是布尔代数$B$上的两个模糊区间软布尔代数,若$A_1\subseteq A_2$且$\forall x\in A_1$,$F_1(x)\leqslant F_2(x)$,则称$(F_1,A_1)$是$(F_2,A_2)$的模糊区间软布尔子代数,并记作$(F_1,A_1)\tilde{\leqslant}(F_2,A_2)$.

**定理3.1** 设$(F_1,A_1)$,$(F_2,A_2)$是布尔代数$B$上的两个模糊区间软布尔代数,若$A_1\cap A_2\neq\Phi$,则$(F_1,A_1)\cap_\varepsilon(F_2,A_2)\tilde{\leqslant}(F_1,A_1)$,$(F_1,A_1)\cap_\varepsilon(F_2,A_2)\tilde{\leqslant}(F_2,A_2)$.

证明:设$(F,A)=(F_1,A_1)\cap_\varepsilon(F_2,A_2)$,其中$A=A_1\cap A_2\neq\Phi$,则$\forall x\in A$,$F(x)=F_1(x)\cap F_2(x)$. 首先,显然$A\subseteq A_1$,$A\subseteq A_2$. 其次,设$F(x)=[A_l,A_u]$,$F_1(x)=[A_l^1,A_u^1]$,$F_2(x)=[A_l^2,A_u^2]$,由$F(x)=F_1(x)\cap F_2(x)$可知,$A_l=A_l^1\cap A_l^2$,$A_u=A_u^1\cap A_u^2$,于是有$A_l\subseteq A_l^1$,$A_l\subseteq A_l^2$,$A_u\subseteq A_u^1$,$A_u\subseteq A_u^2$,即有$\forall x\in A$,$F(x)\leqslant F_1(x)$,$F(x)\leqslant F_2(x)$. 所以,定理成立.

**定理3.2** 设$(F,A)$是布尔代数$B$上的一个模糊区间软布尔代数,$(F_1,A_1)\tilde{\leqslant}(F,A)$,$(F_2,A_2)\tilde{\leqslant}(F,A)$,则(1)$(F_1,A_1)\cap_\varepsilon(F_2,A_2)\tilde{<}(F,A)$. (2)若$A_1\cap A_2=\Phi$,则$(F_1,A_1)\tilde{\cup}(F_2,A_2)\tilde{<}(F,A)$.

证明:(1)设$(F_3,A_3)=(F_1,A_1)\cap_\varepsilon(F_2,A_2)$. 则由定理3.1可知,$(F_3,A_3)$是$B$上的模糊区间软布尔代数. 因$A_3=A_1\cap A_2\subseteq A$,且$(F_1,A_1)\tilde{\leqslant}(F,A)$,$(F_2,A_2)\tilde{\leqslant}(F,A)$,故$\forall x\in A_1$,$F_1(x)=[A_l^1,A_u^1]\leqslant[A_l,A_u]=F(x)$;$\forall x\in A_2$,$F_2(x)=[A_l^2,A_u^2]\leqslant[A_l,A_u]=F(x)$. 于是,$\forall x\in A_1\cap A_2=A_3$,$F_3(x)=[A_l^1,A_u^1]\cap[A_l^2,A_u^2]=[A_l^1\cap A_l^2,A_u^1\cap A_u^2]\leqslant[A_l,A_u]=F(x)$,即有$(F_1,A_1)\cap_\varepsilon(F_2,A_2)\tilde{\leqslant}(F,A)$.

(2)设$(F_3,A_3)=(F_1,A_1)\tilde{\cup}(F_2,A_2)$,其中$A_3=A_1\cup A_2$. 因为$(F_1,A_1)\tilde{\leqslant}(F,A)$,$(F_2,A_2)\tilde{\leqslant}(F,A)$,所以$A_3=A_1\cup A_2\subseteq A$. 又由于$A_1\cap A_2=\Phi$,所以$\forall x\in A_3=A_1\cup A_2$,有$x\in A_1$或者$x\in A_2$. 当$x\in A_1$,则有$F_3(x)=F_1(x)\leqslant F(x)$;当$x\in A_2$,则有$F_3(x)=F_2(x)\leqslant F(x)$. 于是,$\forall x\in A_3$,有$F_3(x)\leqslant F(x)$. 所以,若$A_1\cap A_2=\Phi$,则$(F_1,A_1)\tilde{\cup}(F_2,A_2)\tilde{\leqslant}(F,A)$.

**定义3.2** 设$f:B_1\to B_2$为布尔代数$B_1$到$B_2$的映射,$(F,A)$是$B_1$上的一个模糊区间软布尔代数,定义$B_2$上的模糊区间软集为:$f(F):A\to I(\tilde{P}(B_2))$,则:

$$f(F)(x)=f(F(x))=f[A_l,A_u]=[f(A_l),f(A_u)],\ \forall x\in A,$$

其中$A_l,A_u\in I(\tilde{P}(B_1))$.

**定理3.3** 设$f:B_1\to B_2$为布尔代数$B_1$到$B_2$的同态满射,若$(F,A)$是$B_1$上的一个模糊

区间软布尔代数,则$(f(F),A)$是$B_2$上的模糊区间软布尔代数.

证明:由于$(F,A)$是$B_1$上的一个模糊区间软布尔代数,故$\forall x\in A, F(x)=[A_l,A_u]$,其中$[A_l,A_u]$是$B_1$的模糊区间子代数. 又$f$为同态映射,所以$f(F)(x)=f(F(x))=[f(A_l),f(A_u)]$,其中$[f(A_l),f(A_u)]$是$B_2$的模糊区间子代数. 故$(f(F),A)$是$B_2$上的模糊区间软布尔代数.

**定理 3.4** 设$f:B_1\to B_2$为布尔代数$B_1$到$B_2$的同态满射,若$(F_1,A_1)$是$B_1$上模糊区间软布尔代数$(F,A)$的模糊区间软布尔子代数,则$(f(F_1),A_1)$是$B_2$上$(f(F),A)$的模糊区间软布尔子代数.

证明:由于$f$为满同态,由定理3.3可知,$(f(F_1),A_1)$和$(f(F),A)$都是$B_2$上的模糊区间软布尔代数. 又因$(F_1,A_1)$是$(F,A)$的模糊区间软布尔子代数,故有$A_1\subseteq A$,且$\forall x\in A_1, F_1(x)=[A_l^1,A_u^1]\leqslant[A_l,A_u]=F(x)$,于是$f(F_1)(x)=f([A_l^1,A_u^1])=[f(A_l^1),f(A_u^1)]$,其中$[f(A_l^1),f(A_u^1)]$为$B_2$的模糊区间子代数,又$f(F)(x)=f(F(x))=f([A_l,A_u])=[f(A_l),f(A_u)]$,其中$[f(A_l),f(A_u)]$也是$B_2$的模糊区间子代数,由于$[A_l^1,A_u^1]\leqslant[A_l,A_u]$,所以$[f(A_l^1),f(A_u^1)]\leqslant[f(A_l),f(A_u)]$,即$f(F_1)(x)\leqslant f(F)(x)$,从而$(f(F_1),A_1)$是$B_2$上$(f(F),A)$的模糊区间软布尔子代数.

## 4 模糊理想区间软布尔代数

**定义 4.1** 设$A_l,A_u$是布尔代数$B$上的两个模糊理想,且$A_l\subseteq A_u$,则称$[A_l,A_u]$为布尔代数$B$的模糊区间理想.

**定义 4.2** 设$(F,A)$是布尔代数$B$上的模糊区间软集,称$(F,A)$是$B$上的模糊理想区间软布尔代数,若$\forall x\in A$,有$F(x)=[A_l,A_u]$,其中$[A_l,A_u]$是$B$的模糊区间理想.

**定理 4.1** 设$(F_1,A_1),(F_2,A_2)$是布尔代数$B$上的模糊理想区间软布尔代数,则扩展交$(F_1,A_1)\tilde{\cap}(F_2,A_2)$是$B$上的模糊理想区间软布尔代数.

**推论 4.1** 设$(F_1,A_1),(F_2,A_2)$是布尔代数$B$上的模糊理想区间软布尔代数,若$A_1\cap A_2\neq\Phi$,则严格交$(F_1,A_1)\cap_\varepsilon(F_2,A_2)$是$B$上的模糊理想区间软布尔代数.

**定理 4.2** 设$(F_1,A_1),(F_2,A_2)$是布尔代数$B$上的模糊理想区间软布尔代数,若$A_1\cap A_2=\Phi$,则扩展并$(F_1,A_1)\tilde{\cup}(F_2,A_2)$是$B$上的模糊理想区间软布尔代数.

**定理 4.3** 设$(F_1,A_1),(F_2,A_2)$是$B$上的模糊理想区间软布尔代数,则与$(F_1,A_1)\wedge(F_2,A_2)$是$B$上的模糊理想区间软布尔代数.

**定理 4.4** 设$(F_i,A_i)(i\in I, I$为指标集$)$是布尔代数$B$上的模糊理想区间软布尔代数,则:

(1)$\tilde{\bigcap}_{i\in I}(F_i,A_i)$是$B$上的模糊理想区间软布尔代数.

(2)若$A_i\cap A_j\neq\Phi, i\neq j$,则$\tilde{\bigcap}_{i\in I^\varepsilon}(F_i,A_i)$是$B$上的模糊理想区间软布尔代数.

(3)若$A_i\cap A_j=\Phi, i\neq j$,则$\tilde{\bigcup}_{i\in I}(F_i,A_i)$是$B$上的模糊理想区间软布尔代数.

(4)$\bigwedge_{i\in I}(F_i,A_i)$是$B$上的模糊理想区间软布尔代数.

**定理4.5** 设$f:B_1 \to B_2$为布尔代数$B_1$到$B_2$的同态满射.若$(F,A)$是$B_1$上的模糊理想区间软布尔代数,则$(f(F),A)$是$B_2$上的模糊理想区间软布尔代数.

## 5 模糊区间软同态

**定义5.1** 设$(F_1,A_1)$,$(F_2,A_2)$分别是布尔代数$B_1$,$B_2$上的模糊区间软集,$f:B_1 \to B_2$,$g:A_1 \to A_2$是两个映射,称$(f,g)$为从$(F_1,A_1)$到$(F_2,A_2)$的模糊区间软同态,若$f$为同态映射,且$\forall x \in A_1$,$f(F_1(x))=F_2(g(x))$.

如果$(f,g)$为从$(F_1,A_1)$到$(F_2,A_2)$的模糊区间软同态,且$f,g$均为满射,则称$(F_1,A_1)$与$(F_2,A_2)$关于$(f,g)$模糊区间软同态,并记为$(F_1,A_1) \simeq_{(f,g)} (F_2,A_2)$,简记为$(F_1,A_1) \simeq (F_2,A_2)$.

如果$(f,g)$为从$(F_1,A_1)$到$(F_2,A_2)$的模糊区间软同态,且$f,g$均为同构映射,则称$(F_1,A_1)$与$(F_2,A_2)$关于$(f,g)$模糊区间软同构,并记为$(F_1,A_1) \tilde{\cong}_{(f,g)} (F_2,A_2)$,简记为$(F_1,A_1) \tilde{\cong} (F_2,A_2)$.

**定理5.1** 设$(F_1,A_1)$,$(F_2,A_2)$分别是布尔代数$B_1$,$B_2$上的模糊区间软集,如果$(F_1,A_1)$为$B_1$上的模糊区间软布尔代数,且$(F_1,A_1)$与$(F_2,A_2)$模糊区间软同态(构),则$(F_2,A_2)$为$B_2$上的模糊区间软布尔代数.

证明:已知$(F_1,A_1)$与$(F_2,A_2)$模糊区间软同态,则由定义5.1可知,$f:B_1 \to B_2$,$g:A_1 \to A_2$,且$\forall x \in A_1$,$f(F_1(x))=F_2(g(x))$,所以,$\forall y \in A_2$,$\exists x \in A_1$,使$g(x)=y$,从而有$F_2(y)=F_2(g(x))=f(F_1(x))$.又因$(F_1,A_1)$为$B_1$上的模糊区间软布尔代数,则有$\forall x \in A_1$,$F_1(x)=[A_l^1,A_u^1]$,其中$[A_l^1,A_u^1]$为$B_1$的模糊区间子代数,而又知$f$是满同态映射(同构映射),故而$F_2(y)=f(F_1(x))=[f(A_l^1),f(A_u^1)]$,其中$[f(A_l^1),f(A_u^1)]$为$B_2$的模糊区间子代数,所以$(F_2,A_2)$为$B_2$上的模糊区间软布尔代数.

## 参考文献

[1] MOLODTSOV D. Soft set theory—first results[J]. Computers and Mathematics with Applications, 1999,37:19-31.

[2] MAJI P K,BISWAS R,ROY A R. Soft set theory[J]. Computers and Mathematics with Applications,2003,45:555-562.

[3] ALI M I,FENG F,LIU X,et al. On some new operations in soft set theory[J]. Computers and Mathematics with Applications,2009,57:1547-1553.

[4] QIN K,HONG Z. On Soft equality[J]. Journal of Computational and Applied Mathematics,2010, 234:1347-1355.

[5] MAJI P K,BISWAS R,Roy A R. Fuzzy soft sets[J]. The Journal of Fuzzy Mathematics, 2001,9(3):589-602.

[6] MAJI P K,BISWAS R,Roy A R. Intuitionistic fuzzy soft sets[J]. The Journal of Fuzzy Mathematics,2001,9(3):677-692.

[7] QIN K Y, MENG D, Pei Z, XU Y. Combination of interval set and soft set[J]. International Journal of Computational Intelligence Systems, 2013, 6(2): 370-380.

[8] 付清. 模糊软集及其在决策中的应用[D]. 宁波大学, 2012.

[9] AKTAS H, CAGMAN N. Soft sets and soft groups[J]. Information Sciences, 2007, 177: 2726-2735.

[10] ACAR H, KOYUNCU F, TANAY B. Soft sets and soft rings[J]. Computers and Mathematics with Applications, 2010, 59: 3458-3463.

[11] FENG F, JUN Y B, ZHAO X Z. Soft semirings[J]. Computers and Mathematics with Applications, 2008, 56: 2621-2628.

[12] JUN Y B. Soft BCK/BCI algebras[J]. Computers and Mathematics with Applications, 2008, 56: 1408-1413.

[13] ZHAN J, JUN Y B. Soft BL-algebras based on fuzzy sets[J]. Computers and Mathematics with Applications, 2010, 59: 2037-2046.

[14] 刘卫锋. 软布尔代数[J]. 山东大学学报: 理学版, 2013, 48(8): 56-62.

[15] AYGUNOGLU A, AYGUN H. Introduction to fuzzy soft groups[J]. Computers and Mathematics with Applications, 2009, 58: 1279-1286.

[16] YANG C F. Fuzzy soft semigroups and fuzzy soft ideals[J]. Computers and Mathematics with Applications, 2011, 61: 255-261.

[17] INAN E, ÖZTÜRK M A. Fuzzy soft rings and fuzzy soft ideals[J]. Neural Computing and Applications, 2012, 21(1): 1-8.

[18] 许宏伟, 刘卫锋. 模糊软布尔代数[J]. 数学的实践与认识, 2013, 43(21): 233-237.

[19] 吕家俊, 朱月秋, 孙耕田. 布尔代数[M]. 济南: 山东教育出版社, 1982.

# 由蕴涵和余蕴涵生成的左(右)半统一模

牛美霞[1,2],郝晓英[1,2],王住登[2]
(1. 青海师范大学 数学系,青海 西宁 810000;
2. 盐城师范学院 数学科学学院,江苏 盐城 224002)

**摘 要**:本文研究完备格上由蕴涵和余蕴涵生成的左、右半统一模。证明:当蕴涵(余蕴涵)满足左 NP 原则时,由它们诱导的运算是左半统一模,当蕴涵(余蕴涵)满足右 NP 原则时,由它们诱导的运算是右半统一模并说明由蕴涵(余蕴涵)生成的左(右)半统一模的 $N$-对偶是由余蕴涵(蕴涵)生成的左(右)半统一模.

**关键词**:模糊连接词;蕴涵;余蕴涵;左(右)半统一模;$N$-对偶

**中图分类号**:O159 **文献标志码**:A

# The Left (Right) Semi-uninorms Generated by Implication and Coimplications on a Complete Lattice

NIU Meixia[1,2], HAO Xiaoying[1,2], WANG Zhudeng[2]
(1. School of Mathematical Sciences, Qinghai Normal Unversity, Xining 810000, Qinghai, China;
2. School of Mathematical Sciences, Yancheng Teachers University, Yancheng 224002, Jiangsu, China)

**Abstract**: In this paper, we study the left (right) semi-uninorms generated by implications and coimplications on a complete lattice, demonstrate that the operations induced by implications and coimplications are left (right) semi-uninorms when they satisfy the left (right) neutrality principle and reveal that the $N$-dual operations of the left (right) semi-uninorms generated by implications (coimplications) are the left (right) semi-uninorms generatedby coimplications (implications).

**Key words**: fuzzy logic; implication; coimplication; left (right) semi-uninorm $N$-dual

---

**作者简介**:牛美霞(1989—),女,山东菏泽人,研究生,研究方向:模糊数学;郝晓英(1989—),女,河北衡水人,青海师范大学数学系研究生,研究方向:模糊数学;王住登(1963—),男,江苏滨海人,教授,博士,研究方向:模糊逻辑与模糊粗糙集。

## 1 引言

最近,Yager 和 Rybalov[1]引入了统一模概念,随后 Fodor 等人[2]进一步研究了这一概念.统一模是一类特殊的聚合算子,是 $t$-模和 $t$-余模的一个特殊组合,广泛应用于模糊逻辑、专家系统、神经网络、聚合分析和模糊系统模型等领域.但是在现实生活中,有些真值函数不满足交换律和结合律,Mas[3]等人引入了非交换的左(右)统一模概念,随后王住登和方锦暄教授[4,5]研究了完备格上左(右)统一模性质,刘华文教授[6]讨论了完备格上半统一模概念,这里半统一模既不满足交换律也不满足结合律.苏勇等人[7]讨论了完备格上左(右)半统一模概念.我们也可以利用统一模(半统一模或者左、右统一模)来研究模糊蕴涵和余蕴涵.

本文在他们工作的基础上讨论完备格上由蕴涵和余蕴涵诱导的左(右)半统一模.首先,我们回顾蕴涵、余蕴涵、左(右)半统一模和 $N$-对偶的概念及相关结论.然后定义由蕴涵 $I$ 生成的两个算子 $U_I^L$ 和 $U_I^R$ 以及由余蕴涵 $C$ 生成的另外两个算子 $U_C^L$ 和 $U_C^R$,证明:当蕴涵(余蕴涵)满足左 NP 原则时,由它们诱导的运算是左半统一模,当蕴涵(余蕴涵)满足右 NP 原则时,由它们诱导的运算是右半统一模.最后说明由蕴涵(余蕴涵)生成的左(右)半统一模的 $N$-对偶是由余蕴涵(蕴涵)生成的左(右)半统一模.

本文中有关格的术语和记号参见文献[8],如无特别说明,总假定 $L$ 是有最大元 1 和最小元 0 的完备格,$J$ 是任意指标集.

## 2 预备

本文我们介绍蕴涵、余蕴涵、左(右)半统一模、$N$-对偶等概念及一些结论.

**定义 2.1**[9] 蕴涵 $I$ 是 $L$ 上一个混合单调的(即关于第一元变量是递增的,关于第二个变量是递增的)二元算子且满足边界条件 $I(0,0)=I(1,1)=1$ 和 $I(1,0)=0$.余蕴涵 $C$ 是 $L$ 上一个混合单调的二元算子且满足边界条件 $C(0,0)=C(1,1)=0$ 和 $C(0,1)=1$.

**定义 2.2**[4,5] 设 $U$ 是 $L$ 上的一个二元运算.若 $U$ 满足下面等式:

$$U(\bigvee_{j\in J}x_j,y)=\bigvee_{j\in J}U(x_j,y)\ (U(x,\bigvee_{j\in J}y_j)=\bigvee_{j\in J}U(x,y_j))\ \forall x,y,x_j,y_j\in L,$$

则称 $U$ 为左(右)无穷并分配的;若 $U$ 满足下面等式:

$$U(\bigwedge_{j\in J}x_j,y)=\bigwedge_{j\in J}U(x_j,y)\quad (U(x,\bigwedge_{j\in J}y_j)=\bigwedge_{j\in J}U(x,y_j))\ \forall x,y,x_j,y_j\in L,$$

则称 $U$ 为左(右)无穷交分配的.如果 $U$ 既是左无穷并(交)分配的,又是右无穷并(交)分配的,那么称 $U$ 为无穷并(交)分配的.

注意到空集的最小上界是 0,最大下界是 1,对于任意 $x,y,x_j,y_j\in L(j\in J)$,当 $U$ 是左(右)无穷并分配时,

$$U(0,y)=U(\bigvee_{j\in\phi}x_j,y)=\bigvee_{j\in\phi}U(x_j,y)=0(U(x,0)=U(x,\bigvee_{j\in\phi}y_j)=\bigvee_{j\in\phi}U(x,y_j)=0),$$

当 $U$ 是左(右)无穷交分配时,

$$U(1,y)=U(\bigwedge_{j\in\phi}x_j,y)=\bigwedge_{j\in\phi}U(x_j,y)=1(U(x,1)=U(x,\bigwedge_{j\in\phi}y_j)=\bigwedge_{j\in\phi}U(x,y_j)=1).$$

用 $I(L)$ 和 $I_\wedge(L)$ 分别表示 $L$ 上所有蕴涵组成的集合和所有右无穷交分配蕴涵组成的集合;用 $C(L)$ 和 $C_\wedge(L)$ 分别表示 $L$ 上所有余蕴涵组成的集合和所有右无穷交分配蕴涵组成的

集合.

**定义 2.3**[7] 设 $U$ 是 $L$ 上的一个二元运算. 若 $U$ 满足下面条件:

(U1)存在 $e_L \in L(e_R \in L)$ 使得:对于任意 $x \in L, U(e_L,x)=x(U(e_R,x)=x)$;

(U2)$U$ 关于两个变量都是递增的;

则称 $U$ 是 $L$ 上一个左(右)半统一模.

显然,对于 $L$ 上任意一个左(右)半统一模 $U$,都有 $U(0,0)=0$ 和 $U(1,1)=1$ 成立.

为方便起见,我们引入下面几个符号:

$u_s^{e_L}(L)(u_s^{e_R}(L))$:$L$ 上所有左(右)单位元为 $e_L(e_R)$ 的左(右)半统一模构成的集合;

$u_{s\vee}^{e_L}(L)(u_{\vee s}^{e_R}(L))$:$L$ 上所有左(右)单位元为 $e_L(e_R)$ 的左(右)无穷 $\vee$-分配左(右)半统一模构成的集合;

$u_{s\wedge}^{e_L}(L)(u_{\wedge s}^{e_R}(L))$:$L$ 上所有左(右)单位元为 $e_L(e_R)$ 的左(右)无穷 $\wedge$-分配左(右)半统一模构成的集合;

**定义 2.4** 设 $N$ 是 $L \to L$ 的一个映射. 若 $N$ 满足下面两个条件:

(N1)$N(1)=0, N(0)=1$,

(N2)$x \leqslant y, x,y \in L \Rightarrow N(y) \leqslant N(x)$,

则称 $N$ 是 $L$ 上一个否定.

当 $N$ 满足对合条件时,即:对任意 $x \in L$ 都有 $N(N(x))=x$,称 $N$ 是 $L$ 上一个强否定.

**定义 2.5** 设 $N$ 是 $L$ 上一个强否定,$L$ 上一个二元运算 $A$ 的 $N$-对偶 $A_N$ 定义如下:

$$A_N(x,y)=N^{-1}(A(N(x),N(y)))\ \forall x,y \in L$$

对于 $L$ 上任意一个二元运算 $A$,都有 $(A_N)_{N^{-1}}=(A_N)_N=A$.

**定理 2.6**[10] 设 $x_j \in L(j \in J)$. 如果 $N$ 是 $L$ 上一个强否定,那么

$$N(\bigvee_{j \in J} x_j)=\bigwedge_{j \in J} N(x_j), N(\bigwedge_{j \in J} x_j)=\bigvee_{j \in J} N(x_j)$$

## 3 由蕴涵和余蕴涵生成的左(右)半统一模

刘华文[6]讨论了由蕴涵生成的半统一模,苏勇和王住登[11]研究了由余蕴涵生成的伪统一模. 本论文在他们工作的基础上研究完备格上由蕴涵和余蕴涵生成的左(右)半统一模及其关系.

**定义 3.1** 设 $I$ 是 $L$ 上一个蕴涵,定义两个诱导算子 $U_I^L$ 和 $U_I^R$ 如下:

$$U_I^L(x,y)=\bigwedge\{z \in L \mid x \leqslant I(y,z)\} \quad \forall x,y,z \in L,$$

$$U_I^R(x,y)=\bigwedge\{z \in L \mid y \leqslant I(x,z)\} \quad \forall x,y,z \in L$$

显然,对于任意 $x \in L$ 都有 $U_I^L(0,x)=U_I^R(x,0)=0$ 并且 $U_I^L(1,x)=U_I^R(x,1)$.

对于任意 $x,y,z \in L$,若 $I$ 满足 $x \leqslant I(y,z) \Leftrightarrow y \leqslant I(x,z)$,则 $U_I^L=U_I^R$. 容易看出:$U_I^L$ 和 $U_I^R$ 关于两个变量都是递增的.

**定义 3.1**[11] 设 $C$ 是 $L$ 上一个余蕴涵,定义另外两个诱导算子 $U_C^L$ 和 $U_C^R$ 如下:

$$U_C^L(x,y)=\bigvee\{z \in L \mid C(y,z) \leqslant x\} \quad \forall x,y,z \in L,$$

$$U_C^R(x,y)=\bigvee\{z \in L \mid C(x,z) \leqslant y\} \quad \forall x,y,z \in L$$

显然,对于任意 $x \in L$ 都有 $U_C^L(1,x)=U_C^R(x,1)=1$ 并且

$$U_C^L(0,x)=U_C^R(x,0)=\bigvee\{z \in L \mid C(x,z)=0\}$$

对于任意 $x,y,z \in L$,若 $C$ 满足 $C(y,z) \leqslant x \Leftrightarrow C(x,z) \leqslant y$,则 $U_C^L=U_C^R$. 容易看出:$U_C^L$ 和 $U_C^R$ 关于两个变量都是递增的.

**定理 3.3** 设 $I$ 是 $L$ 上一个蕴涵并且 $C$ 是 $L$ 上一个余蕴涵.

(1)如果 $I$ 和 $C$ 都满足左 $NP$ 原则:$I(e_L,y)=y$ 和 $C(e_L,y)=y$,那么 $U_I^R, U_C^R \in u_s^{e_L}$. $U_I^R$ 和 $U_C^R$ 分别称为由蕴涵 $I$ 和余蕴涵 $C$ 生成的左半统一模.

(2)如果 $I$ 和 $C$ 都满足右 $NP$ 原则:$I(e_R,y)=y$ 和 $C(e_R,y)=y$,那么 $U_I^L, U_C^L \in u_s^{e_L}$. $U_I^L$ 和 $U_C^L$ 分别称为由蕴涵 $I$ 和余蕴涵 $C$ 生成的右半统一模.

**定理 3.4** 设 $I \in I_{\wedge}(L)$ 且 $C \in C_{\vee}(L)$.

(1)如果 $I$ 和 $C$ 都满足左 $NP$ 原则,那么 $U_I^R \in u_{s\vee}^{e_L}(L)$, $U_C^R \in u_{s\wedge}^{e_L}(L)$.

(2)如果 $I$ 和 $C$ 都满足右 $NP$ 原则,那么 $U_I^L \in u_{\vee s}^{e_R}(L)$, $U_C^L \in u_{\wedge s}^{e_R}(L)$.

**定理 3.5** 设 $I$ 是 $L$ 上一个蕴涵,$C$ 是一个余蕴涵并且 $N$ 是一个强否定,则下面结论成立:

(1) $(U_C^L)_N=U_{C_N}^L$, $(U_I^L)_N=U_{I_N}^L$,

(2) $(U_C^R)_N=U_{C_N}^R$, $(U_I^R)_N=U_{I_N}^R$.

证明:(1)由定义 2.5 可得

$$\begin{aligned}(U_C^L)_N(x,y)&=N(U_C^L(N(x),N(y)))=N(\bigvee\{z \in L \mid C(N(y),z) \leqslant N(x)\})\\&=\bigwedge\{N(z) \in L \mid C(N(y),z) \leqslant N(x)\}=\bigwedge\{N(z) \in L \mid N(C(N(y),N(N(z)))) \geqslant x\}\\&=\bigwedge\{N(z) \in L \mid C_N(y,N(z)) \geqslant x\}=\bigwedge\{u \in L \mid C_N(y,u) \geqslant x\}=(U_{C_N}^L)(x,y)\ \forall x,y \in L\end{aligned}$$

因此,$(U_C^L)_N-U_{C_N}^L$. 同理可证:$(U_I^L)_N=U_{I_N}^L$.

(2)的证明类似于(1).

特别地,如果 $I=C_N$,那么 $(U_C^L)_N=U_{C_N}^L=U_I^L$ 和 $(U_C^R)_N=U_{C_N}^R=U_I^R$ 成立. 因此由定理 3.3 可知:由蕴涵(余蕴涵)诱导的左(右)半统一模的 $N$-对偶是由余蕴涵(蕴涵)诱导的左(右)半统一模.

## 参考文献

[1] YAGER R R, RYBALOV A. Uninorm aggregation operators[J]. Fuzzy Sets and Systems, 1996,80:111-120.

[2] FODOR J, YAGER R R, RYBALOV A. Structure of uninorms[J]. International Journal of Uncertainly, Fuzziness and Knowledge-Based Systems, 1997,5:411-427.

[3] MAS M, MONSERRAT M, TORRENS J. On left and right uninorms[J]. International Journal of Uncertainly, Fuzziness and Knowledge-Based Systems, 2001,9:491-507.

[4] 王住登,方锦暄. Residual operations of left and right uninorms on a complete lattice[J]. Fuzzy Sets and Systems, 2009,160:22-31.

[5] 王住登,方锦暄. Residual coimplicators of left and right uninorms on a complete lattice[J]. Fuzzy Sets and Systems,2009,160:2086-2096.

[6] 刘华文 Semi-uninorm and implications on a complete lattice[J]. Fuzzy Sets and Systems, 2012,191:72-82.

[7] 苏勇,王住登,汤克明. Left and right semi-uninorms on a complete lattice[J]. Kybernetika, 2013,49:948-961.

[8] BRIKHOFF G. Lattice Theory[M]. Providence, R. I.: American Mathematical Society Colloquium Publishers,1997.

[9] BACZYNSKI M,JAYARAM B. Fuzzy Implication,Studies in Fuzziness and Soft Computing [M]. Berlin:Springer,2008:231.

[10] 王住登,于延栋. Pseudo-t-norms and implication opertors on a complete Brouwerian lattice [J], Fuzzy Sets and Systems,2002,132:113-124.

[11] 苏勇,王住登. Pseudo-uninorms and coimplications on a complete lattice[J]. Fuzzy Sets and Systems,2013,224:53-62.

# 完备格上左(右)半统一模诱导的蕴涵

郝晓英[1,2],牛美霞[1,2],王住登[2]
(1. 青海师范大学 数学系,青海 西宁 810000;
2. 盐城师范学院 数学科学学院,江苏 盐城 224002)

**摘　要**:统一模是 $t$-模和 $t$-余模的一种重要推广,左(右)半统一模是统一模的非交换和非结合推广.本文研究由左(右)半统一模诱导的蕴涵,证明右(左)合取并且严格左(右)合取的左(右)无穷并分配左(右)半统一模诱导的蕴涵是右无穷交分配蕴涵,并给出这类蕴涵满足交换原则的条件.

**关键词**:蕴涵;左(右)半统一模;严格左(右)合取;交换原则
**中图分类号**:O159　　　　**文献标志码**:A

# Implications Induced by Left (Right) Semi-Uninorm on a Complete Lattice

HAO Xiaoying[1,2], NIU Meixia[1,2], WANG Zhudeng[2]
(1. Department of Mathematics, Qinghai Normal University, Xining 810000, Qinghai, China;
2. School of Mathematical Science, Yancheng Teachers University, Yancheng 224002, Jiangsu, China)

**Abstract**: Uninorms are important generalizations of triangular norms and conorms and left (right) semi-uninorms are non-commutative and non-associative extensions of uninorms. In this paper, we study the implications induced by left (right) semi-uninorms, show that the implications induced by right (left)-conjunctive and strict left (right)-conjunctive left(right) infinitely $\vee$-distributive left(right) semi-uninorms are right infinitely $\wedge$-distributive implications, and give out some conditions such that these implications satisfy the exchange principle.

**Key words**: implication; left(right) semi-uninorm; strict left(right)-conjunctive; exchange principle

---

**作者简介**:郝晓英(1989—),女,河北衡水人,研究生,研究方向:模糊数学;牛美霞(1989—),女,山东菏泽人,研究生,研究方向:模糊数学;王住登(1963—),男,江苏滨海人,教授,博士,研究方向:模糊逻辑与模糊粗糙集。

## 1 引言

最近,Yager 和 Rybalov[1]引入了统一模概念,随后 Fodor 等人[2]进一步研究了这一概念.统一模是一类特殊的聚合算子,是 $t$-模和 $t$-余模的一个特殊组合[2],广泛应用于模糊逻辑、专家系统、神经网络、聚合分析和模糊系统模型等领域.但是在现实生活中,有些真值函数不满足交换律和结合律,Mas 等人[2]引入了非交换的左(右)统一模概念,随后王住登和方锦暄教授[3,4]研究了完备格上左(右)统一模性质,刘华文教授[5]讨论了完备格上半统一模概念,这里半统一模既不满足交换律也不满足结合律.苏勇等人[6]讨论了完备格上左(右)半统一模概念.我们也可以利用这些统一模来研究模糊蕴涵和余蕴涵[3,4,5].

本文在文献[3,5]工作基础上讨论由左(右)半统一模诱导的蕴涵及其性质.首先,我们回顾蕴涵、左(右)无穷交分配、左(右)无穷并分配和左(右)半统一模概念.然后定义由二元运算 $U$ 诱导的两个算子 $I_U^L$ 和 $I_U^R$,证明当 $U$ 是右合取并且严格左合取的左无穷并分配左半统一模时,$I_U^L$ 是右无穷交分配蕴涵;当 $U$ 是左合取并且右严格合取的右无穷并分配右半统一模时,$I_U^R$ 是右无穷交分配蕴涵.最后说明当 $U$ 满足一定条件时,由 $U$ 诱导的蕴涵满足交换原则.

本文中有关格的术语和记号参见文献[8],如无特别说明,总假定 $L$ 是有最大元 1 和最小元 0 的完备格,$J$ 是任意指标集.

## 2 预备知识

本节我们介绍蕴涵、左(右)半统一模等概念及一些符号.

**定义 2.1**[9] 设 $I$ 是 $L$ 上一个二元运算.若 $I$ 满足下面条件:

(1)对于任意 $x,y,z\in L,x\leqslant y\Rightarrow I(x,z)\geqslant I(y,z)$;

(2)对于任意 $x,y,z\in L,x\leqslant y\Rightarrow I(z,x)\leqslant I(z,y)$;

(3)$I(0,0)=I(1,1)=1,I(1,0)=1$;

则称 $I$ 为 $L$ 上一个蕴涵.

由蕴涵的单调性可知,$L$ 上任意一个蕴涵 $I$ 都满足吸收原则,即:对任意 $x\in L,I(0,x)=I(x,1)=1$.

**定义 2.2**[3,4] 设 $U$ 是 $L$ 上一个二元运算.若 $U$ 满足下面等式:

$$U(\bigvee_{j\in J}x_j,y)=\bigvee_{j\in J}U(x_j,y)\quad \left(U(x,\bigvee_{j\in J}y_j)=\bigvee_{j\in J}U(x,y_j)\right)\quad \forall x,y,x_j,y_j\in L,$$

则称 $U$ 为左(右)无穷并分配的;若 $U$ 满足下面等式:

$$U(\bigwedge_{j\in J}x_j,y)=\bigwedge_{j\in J}U(x_j,y)\quad \left(U(x,\bigwedge_{j\in J}y_j)=\bigwedge_{j\in J}U(x,y_j)\right)\quad \forall x,y,x_j,y_j\in L,$$

则称 $U$ 为左(右)无穷交分配的.如果 $U$ 既是左无穷并(交)分配的,又是右无穷并(交)分配的,那么称 $U$ 为无穷并(交)分配的.

注意到空集的最小上界是 0,最大下界是 1,对于任意 $x,y,x_j,y_j\in L(j\in J)$,当 $U$ 是左(右)无穷并分配时,

$$U(0,y)=U(\bigvee_{j\in\phi}x_j,y)=\bigvee_{j\in\phi}U(x_j,y)=0 \quad \left(U(x,0)=U(x,\bigvee_{j\in\phi}y_j)=\bigvee_{j\in\phi}U(x,y_j)=0\right);$$

当 $U$ 是左(右)无穷并分配时,

$$U(1,y)=U(\bigwedge_{j\in\phi}x_j,y)=\bigwedge_{j\in\phi}U(x_j,y)=1 \quad \left(U(x,1)=U(x,\bigwedge_{j\in\phi}y_j)=\bigwedge_{j\in\phi}U(x,y_j)=1\right).$$

用 $I(L)$ 和 $I_{\wedge}(L)$ 分别表示所有蕴涵组成的集合和所有右无穷交分配的蕴涵组成的集合.

**定义 2.3**[7] 设 $U$ 是 $L$ 上一个二元运算. 若 $U$ 满足下面条件:

(U1)存在 $e_L\in L(e_R\in L)$ 使得:对于任意 $x\in L$, $U(e_L,x)=x(U(e_R,x)=x)$,

(U2)$U$ 关于两个变量都是递增的,

则称 $U$ 为 $L$ 上一个左(右)半统一模.

显然,对于 $L$ 上任意一个左(右)半统一模 $U$,都有 $U(0,0)=0$ 和 $U(1,1)=1$ 成立.

设 $U$ 是 $L$ 上左(右)半统一模. 如果 $U$ 满足条件:$U(0,1)=0(U(1,0)=0)$,那么称 $U$ 为左(右)合取的. 若 $U$ 既是左合取的又是右合取的,则称 $U$ 为合取的. 如果 $U$ 满足条件:$U(x,1)=0\Leftrightarrow x=0$,那么称 $U$ 为严格左合取的;如果 $U$ 满足条件:$U(1,x)=0\Leftrightarrow x=0$,那么称 $U$ 为严格右合取的.

如果 $L$ 上左(右)半统一模 $U$ 满足结合律,那么 $U$ 是 $L$ 上一个左(右)统一模[3,4].

如果一个左(右)半统一模 $U$ 既有左单位元 $e_L$ 又有右单位元 $e_R$,那么 $e_L=U(e_L,e_R)=e_R$. 当 $e=e_L=e_R$ 时,$U$ 是 $L$ 上一个半统一模. 特别地,如果单位元 $e=1$,那么半统一模 $U$ 就是 $t$-模;如果单位元 $e=0$,那么半统一模 $U$ 就是 $t$-余模.

为了方便,我们引入下面几个符号:

$u_s^{e_L}(L)$:$L$ 上所有左单位元为 $e_L$ 的左半统一模构成的集合;

$u_s^{e_R}(L)$:$L$ 上所有右单位元为 $e_R$ 的右半统一模构成的集合;

$u_{\vee s}^{e_L}(L)$:$L$ 上所有左单位元为 $e_L$ 的左无穷并分配的左半统一模构成的集合;

$u_{s\vee}^{e_R}(L)$:$L$ 上所有右单位元为 $e_R$ 的右无穷并分配的右半统一模构成的集合.

## 3 左(右)半统一模诱导的蕴涵

**定义 3.1** 设 $U$ 是 $L$ 上一个二元运算. 定义 $I_U^L, I_U^R\in L^{L\times L}$ 如下:

(1)$I_U^L(x,y)=\bigvee\{z\in L\mid U(z,x)\leqslant y\}\ \forall x,y\in L$;

(2)$I_U^R(x,y)=\bigvee\{z\in L\mid U(x,z)\leqslant y\}\ \forall x,y\in L$.

$I_U^L$ 和 $I_U^R$ 分别称为由二元运算 $U$ 诱导的左剩余算子和右剩余算子.

当 $U$ 是 $L$ 上一个左(右)半统一模时,有定义 3.1 可知:$I_U^L$ 和 $I_U^R$ 都是关于第一变量递减,第二变量递增的算子.

当二元运算 $U$ 是左无穷并分配时,$U$ 和 $I_U^L$ 满足 GMP 规则:$U(I_U^L(x,y),x)\leqslant y$ 和左剩余原则:$U(z,x)\leqslant y\Leftrightarrow z\leqslant I_U^L(x,y)$.

当二元运算 $U$ 是右无穷并分配时,$U$ 和 $I_U^R$ 满足 GMP 规则:$U(x,I_U^R(x,y))\leqslant y$ 和右剩余原则:$U(x,z)\leqslant y\Leftrightarrow z\leqslant I_U^R(x,y)$.

**定理 3.2** 设 $U\in u_s^{e_L}(L)$,则下面结论成立:

(1)对于任意 $x,y\in L$,若 $x\leqslant y$,则 $I_U^L(x,y)\geqslant e_L$;

(2)若 $U$ 是右合取且严格左合取的,则 $I_U^L\in I(L)$;

(3)若 $U\in u_{\vee s}^{e_L}(L)$ 是右合取且严格左合取的,则 $I_U^L\in I_{\wedge}(L)$ 并且

$$I_U^L(x,y)=\max\{z\in L\mid U(z,x)\leqslant y\}$$

这里将 $I_U^L$ 称为由左半统一模 $U$ 诱导的左剩余蕴涵.

**定理 3.3** 设 $U\in u_s^{e_R}(L)$,则下面结论成立:

(1)对于任意 $x,y\in L$,若 $x\leqslant y$,则 $I_U^R(x,y)\geqslant e_R$;

(2)若 $U$ 是左合取且严格右合取的,则 $I_U^R\in I(L)$;

(3)若 $U\in u_{s\vee}^{e_R}(L)$ 是左合取且严格右合取的,则 $I_U^R\in I_{\wedge}(L)$ 并且

$$I_U^R(x,y)=\max\{z\in L\mid U(x,z)\leqslant y\}$$

这里将 $I_U^R$ 称为由右半统一模 $U$ 诱导的右剩余蕴涵.

**定理 3.4** (1)如果 $U\in u_{\vee s}^{e_L}(L)$,那么 $I_U^L$ 是右无穷交分配的并且满足左剩余原则和左序原则:对于任意 $x,y\in L,x\leqslant y\Leftrightarrow I_U^L(x,y)\geqslant e_L$;如果 $U\in u_{\vee s}^{e_L}(L)$ 是右合取且严格左合取的,那么 $I_U^L$ 是满足左剩余原则的右无穷交分配的蕴涵.

(2)如果 $U\in u_{s\vee}^{e_R}(L)$,那么 $I_U^R$ 是右无穷交分配的并且满足右剩余原则和右序原则:对于任意 $x,y\in L,x\leqslant y\Leftrightarrow I_U^R(x,y)\geqslant e_R$;如果 $U\in u_{s\vee}^{e_R}(L)$ 是左合取且严格右合取的,那么 $I_U^R$ 是满足右剩余原则的右无穷交分配的蕴涵.

**定理 3.5** (1)设 $U\in u_{\vee s}^{e_L}(L)$,则对于任意 $x\in L,I_U^L(x,x)=1\Leftrightarrow U(1,x)\leqslant x$.

(2)设 $U\in u_{s\vee}^{e_R}(L)$,则对于任意 $x\in L,I_U^R(x,x)=1\Leftrightarrow U(x,1)\leqslant x$.

(3)设 $U\in u_{\vee s}^{e_L}(L)$,则对于任意 $x,y,z\in L$,

$$I_U^L(x,I_U^L(y,z))=I_U^L(y,I_U^L(x,z))\Leftrightarrow U(U(x,y),z)=U(U(x,z),y).$$

(4)设 $U\in u_{s\vee}^{e_R}(L)$,则对于任意 $x,y,z\in L$,

$$I_U^R(x,I_U^R(y,z))=I_U^R(y,I_U^R(x,z))\Leftrightarrow U(x,U(y,z))=U(y,U(x,z)).$$

(5)设 $U\in u_s^{e_L}(L)$,则对于任意 $x,y,z\in L$,

$$I_U^L(x,I_U^R(y,z))=I_U^L(y,I_U^R(x,z))\Leftrightarrow U(x,U(y,z))=U(z,U(y,x)).$$

(6)设 $U\in u_s^{e_R}(L)$,则对于任意 $x,y,z\in L$,

$$I_U^R(x,I_U^L(y,z))=I_U^R(y,I_U^L(x,z))\Leftrightarrow U(U(x,y),z)=U(U(z,y),x).$$

Shi 等人[10]研究了许多蕴涵公理,其中一个比较重要的是交换原则(EP),即 $I(x,I(y,z))=I(y,I(x,z))$. 结合定理 3.5(3)和(4)可知,当 $U\in u_{\vee s}^{e_L}(L)$ 满足 $U(U(x,y),z)=U(U(x,z),y)$ 时,$I_U^L$ 满足交换原则;当 $U\in u_{s\vee}^{e_R}(L)$ 满足 $U(x,U(y,z))=U(y,U(x,z))$ 时,$I_U^R$ 满足交换原则.

类似的,由定理 3.5(5)和(6)可知,当 $U\in u_s^{e_L}(L)$ 时右无穷并分配的并且满足 $U(x,U(y,z))=U(z,U(y,x))$ 时,$I_U^L$ 和 $I_U^R$ 满足混合交换原则,即 $I_U^L(x,I_U^R(y,z))=I_U^L(y,I_U^R(x,z))\Leftrightarrow U(x,U(y,z))=U(z,U(y,x))$;当 $U\in u_s^{e_R}(L)$ 是右无穷并分配的并且满足 $U$

$(U(x,y),z)=U(U(z,y),x)$ 时，$I_U^L$ 和 $I_U^R$ 满足混合交换原则，即 $I_U^R(x,I_U^L(y,z))=I_U^R(y,I_U^L(x,z))\Leftrightarrow U(U(x,y),z)=U(U(z,y),x)$.

## 参考文献


[1] YAGER R R, RYBALOV A, Uninorm aggregation operators[J]. Fuzzy Sets and Systems, 1996, 80: 111-120.

[2] FODOR J, et al. Structure of uninorms[J]. International Journal of Uncertainly, Fuzziness and Knowledge-Based Systems 5(1997) 411-427.

[3] 王住登，方锦暄. Residual operators of left and right uninorms on a complete lattice[J]. Fuzzy Sets and Systems, 2009, 160: 22-31.

[4] 王住登，方锦暄. Residual coimplications of left and right uninorms on a complete lattice [J]. Fuzzy Sets and Systems, 2009, 160: 2086-2096.

[5] 刘华文, Semi-uninorm and implication on a complete lattice[J]. Fuzzy Sets and Systems, 2012, 191: 72-82.

[6] 苏勇，王住登，汤克明. Left and right semi-uninorms on a complete lattice[J]. Kybernetika, 2013, 49: 948-961.

[7] MAS M, et al. On left and right uninorms[J]. International Journal of Uncertainly, Fuzziness and Knowledge-Based Systems, 2001, 9: 491-507.

[8] BIRKHOFF G. Lattice Theory[M]. Prouidence, R. I.: Mathematical Society Colloquium Publishers, 1967.

[9] BACZNSKI M, JAYARAM B. Fuzzy implication, studics in fuzzincss and soft computing[M]. Berlin: Springer, 2008

[10] SHI Y, et al. On dependencies and independencies of fuzzy implication axioms[J]. Fuzzy Sets and Systems, 2010, 161: 1388-1405.

# Gödel 区间值命题逻辑的 $\bar{a}$-真度理论

郝国平,赵玛瑙,惠小静
(延安大学 数学与计算机科学学院,陕西 延安 716000)

**摘　要**:在 Gödel 区间值命题逻辑系统中引入了 $\bar{a}$-真度,论证了区间值真度 MP 规则和区间值真度 HS 规则,在 $\bar{a}$-真度基础上给出了 $\bar{a}$-相似度及其性质,说明了在 Gödel 区间值命题逻辑系统中建立伪距离是可行的.

**关键词**:$\bar{a}$-真度;区间值真度推理规则;$\bar{a}$-相似度;伪距离

**中图分类号**:O141　　　　**文献标志码**:A

# Theory of $\bar{a}$-truth Degrees in Gödel Interval-valued Propositional Logic System

HAO Guoping, ZHAO Manao, HUI Xiaojing
(College of Mathematics and Computer Science, Yan'an University, Yan'an 716000, Shaanxi, China)

**Abstract**: In Gödel interval valued propositional logic system is introduced in the $\bar{a}$-truth degrees, discusses the interval value $\bar{a}$-truth degree of MP rules and HS rules in interval valued $\bar{a}$-truth degree, in $\bar{a}$-truth degree is given based on $\bar{a}$- similarity degree and its properties, description of the Gödel interval valued propositional logic system establishing pseudo distance is feasible.

**Key words**: $\bar{a}$-truth degrees; Interval-valued truth degree reasoning rules; $\bar{a}$-similarity degree; pseudo-distance

## 1　引言

精确的形式化的逻辑推理是人工智能学科及相关研究中普遍采用的方法,这种方法在

---

**基金项目**:陕西省自然科学基金(2014JM1020)资助项目;陕西省高水平大学建设专项资金(2012SXTS07)资助项目;2013、2014 年延安大学研究生教育创新计划项目

**作者简介**:郝国平,男,硕士研究生,研究方向:不确定性推理;赵玛瑙,女,硕士研究生,研究方向:不确定性推理;惠小静,女,博士,副教授,研究方向:不确定性推理。

定理的自动证明以及知识推理等领域得到了广泛的应用. 文献[1]中基于均匀概率的思想在二值命题中引入公式真度的概念,文献[2]在 $n$ 值 Gödel 命题逻辑中讨论了命题的 $\alpha$-真度,文献[3-5]分别在模糊区间值与 Gödel 区间值中定义了广义拟重言式并给出了它们的分划,使得在区间值逻辑中有了类似于命题逻辑中的结论,文献[6]在 Lukasiewicz 区间值中提出了 $\bar{a}$-真度的概念并对推理规则进行了研究. 本文在 Gödel 区间值命题逻辑中引入了 $\bar{a}$-真度,并利用 $\bar{a}$-真度定义了区间值上的 $\bar{a}$-相似度及伪距离,使得在区间值命题逻辑中展开近似推理研究成为可能.

## 2 预备知识

本文涉及的关于区间值概念,相等以及序的定义等参见文献[4].

**定义 2.1**[5] $\forall \bar{a},\bar{b}\in \bar{I},\bar{a}=[a_1,a_2],\bar{b}=[b_1,b_2]$,定义 $\bar{I}$ 上的逻辑否定($\neg$),析取($\vee$),合取($\wedge$),蕴涵($\to_G$)运算如下:

$$\neg\,\bar{a}=1-\bar{a}=[1-a_2,1-a_1],\bar{a}\vee\bar{b}=[\max(a_1,b_1),\max(a_2,b_2)],$$

$$\bar{a}\wedge\bar{b}=[\min(a_1,b_1),\min(a_2,b_2)],\bar{a}\to_G\bar{b}=\begin{cases}[1,1],a_1\leqslant b_1,a_2\leqslant b_2\\ [b_1,b_2],a_1>b_1,a_2>b_2\end{cases},$$

并称$(\bar{I}_n,\neg\,,\vee,\wedge,\to_G)$为 Gödel 区间值逻辑代数,简记 $\bar{G}$.

**定义 2.2** 设 $F(S)$为全体公式之集,映射 $v:F(S)\to\bar{I}_n$, $\forall A,B\in F(S)$满足:

$$v(\neg A)=\neg\,v(A),v(A\vee B)=v(A)\vee v(B),v(A\wedge B)=v(A)\wedge v(B),$$

$$v(A\to_G B)=v(A)\to_G v(B),$$

称 $v$ 为 $F(S)$的一个赋值,记为 $\Omega$.

## 3 Gödel 区间值命题逻辑的 $\bar{a}$-真度及推理规则

**定义 3.1**[6] 设 $A\in F(S)$,令$[A]_{\bar{a}}=\{v\in\bar{X}\mid v\in\Omega,v(A)\geqslant\bar{a}\}$,$\tau_{\bar{a}}(A)=\mu([A]_{\bar{a}})$,称 $\tau_{\bar{a}}(A)$为 $A$ 的 $\bar{a}$-真度.并且当 $\bar{a}=\bar{1}$ 时,把公式 $A$ 的 $\bar{1}$-真度简称作 $A$ 的真度,简记作 $\tau(A)$,把$[A]_{\bar{1}}$简记作$[A]$.

**定理 3.1** (区间值真度 MP 规则)设 $A,B\in F(S)$,$\bar{a},\bar{b}\in\bar{I}_n$,$\tau_{\bar{a}}(A)\geqslant\bar{s}$,$\tau_{\bar{b}}(A\to_G B)\geqslant\bar{t}$,则 $\tau_{\bar{c}}(B)\geqslant(\bar{s}+\bar{t}-\bar{1})\vee\bar{0}$,其中 $\bar{c}\geqslant\bar{a}\wedge\bar{b}$.

证明:令 $G_1=\{v\in\bar{X}\mid v\in\Omega,v(A)\geqslant\bar{a}\}$,$G_2=\{v\in\bar{X}\mid v\in\Omega,v(A\to_G B)\geqslant\bar{b}\}$,则由假设可知,$\mu(G_1)\geqslant\bar{s}$,$\mu(G_2)\geqslant\bar{t}$,且 $\forall v\in G_1,v(A)\geqslant\bar{a}$;$\forall v\in G_2,v(A\to_G B)\geqslant\bar{b}$.

令 $G=G_1\wedge G_2$,则

$$\mu(\bar{X}-G)=\mu((\bar{X}-G_1)\vee(\bar{X}-G_2))\leqslant\mu(\bar{X}-G_1)+\mu(\bar{X}-G_2)$$

$$=(\bar{1}-\mu(G_1))+(\bar{1}-\mu(G_2))\leqslant\bar{2}-\bar{s}-\bar{t}.$$

所以 $\mu(G)\geqslant\bar{s}+\bar{t}-\bar{1}$,又因为 $\mu(G)\geqslant\bar{0}$,因此 $\mu(G)\geqslant(\bar{s}+\bar{t}-\bar{1})\vee\bar{0}$.

设 $v\in G$,则 $v(A)\geqslant\bar{a}$,$v(A\to_G B)=v(A)\to_G v(B)=\begin{cases}\bar{1},v(A)\leqslant v(B)\\ v(B),v(A)>v(B)\end{cases}$.

当 $v(A)\leqslant v(B)$ 时，$v(A\rightarrow_G B)=v(A)\rightarrow_G v(B)=\bar{1}\geqslant\bar{b}$，从而 $v(B)\geqslant v(A)\geqslant\bar{a}$，当 $v(A)>v(B)$ 时，$v(A\rightarrow_G B)=v(A)\rightarrow_G v(B)=v(B)\geqslant\bar{b}\geqslant\bar{a}\wedge\bar{b}$，综上所述可知 $v(B)\geqslant\bar{a}\wedge\bar{b}$.

令 $H=\{v\in\bar{X}\mid v\in\Omega,v(B)\geqslant\bar{a}\wedge\bar{b}\}$，由以上讨论可知 $G\subset H$，故 $\mu(H)\geqslant\mu(G)$，所以 $\mu(H)\geqslant\mu(G)\geqslant(\bar{s}+\bar{t}-\bar{1})\vee\bar{0}$.

若令 $\bar{c}=\bar{a}\wedge\bar{b}$，则可得 $\tau_{\bar{c}}(B)=\mu(H)\geqslant(\bar{s}+\bar{t}-\bar{1})\vee\bar{0}$，即 $\bar{c}$ 至少可以等于 $\bar{a}\wedge\bar{b}$，从而 $\bar{c}\geqslant\bar{a}\wedge\bar{b}$.

**定理 3.2** （区间值真度 HS 规则）设 $A,B,C\in F(S)$，$\bar{a},\bar{b}\in\bar{I}_n$，$\tau_{\bar{a}}(A\rightarrow_G B)\geqslant\bar{s}$，$\tau_{\bar{b}}(B\rightarrow_G C)\geqslant\bar{t}$，则 $\tau_{\bar{c}}(A\rightarrow_G C)\geqslant(\bar{s}+\bar{t}-\bar{1})\vee\bar{0}$，其中 $\bar{c}\geqslant\bar{a}\wedge\bar{b}$.

## 4　Gödel 区间值命题逻辑的 $\bar{a}$–相似度及伪距离

**定义 4.1** 设 $A,B\in F(S)$，$\bar{a},\bar{b}\in\bar{I}_n$，令 $\xi_{\bar{a}}(A,B)=\tau_{\bar{a}}((A\rightarrow_G B)\wedge(B\rightarrow_G A))$ 则称 $\xi_{\bar{a}}(A,B)$ 为 $A$ 与 $B$ 的 $\bar{a}$–相似度.

**定理 4.2** $A,B,C\in F(S)$，$\bar{a},\bar{b}\in\bar{I}_n$，若 $\xi_{\bar{a}}(A,B)\geqslant\bar{s}$，$\xi_{\bar{b}}(B,C)\geqslant\bar{t}$，则

$$\xi_{\bar{c}}(A,C)\geqslant(\bar{s}+\bar{t}-\bar{1})\vee\bar{0},$$

其中 $\bar{c}\geqslant\bar{a}\wedge\bar{b}$.

证明：令 $G_1=\{v\in\bar{X}\mid v\in\Omega,v((A\rightarrow_G B)\wedge(B\rightarrow_G A))\geqslant\bar{a}\}$，

$G_2=\{v\in\bar{X}\mid v\in\Omega,v((B\rightarrow_G C)\wedge(C\rightarrow_G B))\geqslant\bar{b}\}$，

则由假设可知，$\mu(G_1)=\xi_{\bar{a}}(A,B)\geqslant\bar{s}$，$\mu(G_2)=\xi_{\bar{b}}(B,C)\geqslant\bar{t}$.

令 $G=G_1\wedge G_2$，则 $\bar{1}\geqslant\mu(G_1\vee G_2)=\mu(G_1)+\mu(G_2)-\mu(G)$.

所以 $\mu(G)\geqslant\mu(G_1)+\mu(G_2)-\bar{1}\geqslant\bar{s}+\bar{t}-\bar{1}$，又因为 $\mu(G)\geqslant\bar{0}$，因此 $\mu(G)\geqslant(\bar{s}+\bar{t}-\bar{1})\vee\bar{0}$.

设 $v\in G$，有 $v((A\rightarrow_G B)\wedge(B\rightarrow_G A))\geqslant\bar{a}$，$v((B\rightarrow_G C)\wedge(C\rightarrow_G B))\geqslant\bar{b}$，

(1) 当 $v(A)\leqslant v(C)$ 时，$v(A\rightarrow_G C)=v(A)\rightarrow_G v(C)=\bar{1}\geqslant\bar{a}\wedge\bar{b}$；

(2) 当 $v(A)>v(C)$ 时，$v(A\rightarrow_G C)=v(A)\rightarrow_G v(C)=v(C)$；

若 $v(B)>v(C)$，则 $v(B\rightarrow_G C)=v(B)\rightarrow_G v(C)=v(C)\geqslant\bar{b}$，从而 $v(A\rightarrow_G C)=v(C)\geqslant\bar{b}$；

若 $v(B)\leqslant v(C)$，则 $v(B)<v(A)$，由 $v(A\rightarrow_G B)=v(A)\rightarrow_G v(B)=v(B)\geqslant\bar{a}$ 可知 $v(C)\geqslant\bar{a}$，从而 $v(A\rightarrow_G C)=v(C)\geqslant\bar{a}\geqslant\bar{a}\wedge\bar{b}$；

综上所述可知 $v(A\rightarrow_G C)\geqslant\bar{a}\wedge\bar{b}$，同理可知 $v(C\rightarrow_G A)\geqslant\bar{a}\wedge\bar{b}$.

令 $H=\{v\in\bar{X}\mid v\in\Omega,v((A\rightarrow_G C)\wedge(C\rightarrow_G A))\geqslant\bar{a}\wedge\bar{b}\}$，由以上讨论可知 $G\subset H$，故 $\mu(H)\geqslant\mu(G)$，所以 $\mu(H)\geqslant\mu(G)\geqslant(\bar{s}+\bar{t}-\bar{1})\vee\bar{0}$.

若令 $\bar{c}=\bar{a}\wedge\bar{b}$，则可得 $\tau_{\bar{c}}((A\rightarrow_G C)\wedge(C\rightarrow_G A))=\mu(H)\geqslant(\bar{s}+\bar{t}-\bar{1})\vee\bar{0}$，即 $\bar{c}$ 至少可以等于 $\bar{a}\wedge\bar{b}$，从而 $\bar{c}\geqslant\bar{a}\wedge\bar{b}$.

**定理 4.3** 设 $A,B\in F(S)$，规定 $\rho(A,B)=\bar{1}-\xi(A,B)$，则 $\rho:F(S)\times F(S)\rightarrow[0,1]$ 是 $F(S)$ 上的伪距离.

## 参考文献

[1] 王国俊,傅丽,宋建设.二值命题逻辑中的命题的真度理论[J].中国科学:A 辑,2001,31(11):998-1008.

[2] 李骏,王国俊. Gödel $n$ 值命题中命题的 $\bar{a}$-真度理论[J].软件学报,2007,18(1):33-39.

[3] 王国俊.非经典数理逻辑与归结原理[M].北京:科学出版社,2003.

[4] 李晓冰.区间值模糊命题逻辑的广义拟重言式及其真度[J].辽宁师范大学学报,2005:3-25.

[5] 卫利萍,薛占熬,岑枫. Gödel 区间值逻辑系统的广义拟重言式[J].计算机工程与应用,2009,45(6):57-59.

[6] 薛占熬,卫利萍,岑枫. Lukasiewicz 区间值命题逻辑的 $\bar{a}$-真度理论[J].计算机工程与应用,2010,46(26):40-42.

# 模糊信息与模糊逻辑

潘小东
(西南交通大学犀浦校区 数学学院,四川 成都 611756)

**摘 要**:经过近五十年的发展,以模糊集合为基础的模糊信息处理的理论和方法取得了长足的进步,获得了许多重要的研究成果. 但是,它的理论基础仍然很薄弱,一些基本的概念、运算和原理等始终未能明确化、严格化;关于这门学科一些非常基本而又十分重要的问题,迄今都没有一个明确的答案. 本文试图回答"什么是模糊性?""什么是模糊逻辑""模糊逻辑为什么以剩余格作为基础建立相应的代数模型""模糊逻辑能否作为模糊信息处理有效的数学模型"等在模糊信息处理领域中一些重要的基础性问题,旨在阐明模糊现象的本质,解释模糊逻辑研究领域中一些重要的基础性问题. 在此基础上,提出了建立模糊信息处理数学理论基础的基本原则和方法.

**关键词**:模糊现象;模糊信息;模糊性;模糊逻辑;模糊推理
**中图分类号**:O153 **文献标志码**:A

# Fuzzy Information and Fuzzy Logic[1]

PAN Xiaodong
(School of Mathematics, Southwest Jiaotong University, West Section, High-tech Zone, Chengdu 611756, Sichuan, China)

**Abstract**: After almost fifty years of development, the theory and methods based on fuzzy sets has made great progress in the area of fuzzy information processing, and has achieved many important research results. However, its theoretical foundation is still weak. To this day, some basic concepts, operations and principles etc. have not been defined explicitly and strictly, some important fundamental questions about this discipline

---

**基金项目**:国家自然科学基金(61100046,61305074,61175055)资助项目;四川省应用基础研究计划项目(2011JY0092);四川省科技支撑计划项目(2013GZX0167)

**作者简介**:潘小东(1979—),男,副教授。

have no definitely answers. This paper tries to answer some important fundamental questions in the area of fuzzy information processing like "What is vaguenss?", "What is fuzzy logic?", "Why were the algebraic models of fuzzy logics based on residuated lattices?", "Can fuzzy logics be the effective mathematical model of fuzzy information processing?" etc., which aims at revealing the essence of fuzzy phenomenon, and make clear some important fundamental questions in the area of fuzzy logics. On this basis, some fundamental principles and methods are proposed for establishing the mathematical foundation of fuzzy information processing.

**Key words**: fuzzy phenomenon; fuzzy information; vagueness; fuzzy logic; fuzzy inference

## 1 引言

模糊现象无处不在,涉及现实生活、生产实践的方方面面,它是客观事物模糊性外在的表现形式.模糊信息是表示、反映、传播客观事物模糊性的一切内容,模糊信息处理的形式化理论和方法具有极其广泛的应用需求,而研究和处理模糊现象是发展模糊逻辑等相关的形式化理论的出发点和根本动机.正如 Novák[1] 所说:"模糊现象的特征是进一步发展模糊逻辑及其应用的根本……模糊现象在模糊逻辑的起源中扮演着关键的角色."事实上,不仅仅是模糊逻辑,模糊现象的本质及其特征在与模糊集合相关的几乎所有理论的发展过程中都扮演着关键的角色.那么,究竟什么是模糊性呢?模糊现象到底是一种什么样的现象呢?模糊逻辑究竟是一门什么样的学科呢?弄清楚这些问题,对我们理解现有的模糊理论,澄清对模糊逻辑等一些相关理论的错误认识以及把握模糊逻辑进一步的发展方向都具有非常重要的学术意义.

在 1902 年出版的《哲学和心理学词典》[2] 中,Peirce 这样描述"模糊性"(vagueness)这个概念:"一个命题是模糊的,是指事物存在本质上不确定的可能的状态,这种状态是说话人所考虑的,说话人利用这个命题来考虑事物是否具有这种状态.这里所谓的'本质上不确定'并不是由说话人的无知造成的,而是来源于说话人语言习惯的不确定性."而在《中国大百科全书:数学》[3] 第 480 页在条目"模糊数学"中这样解释模糊性:"从差异的一方到差异的另一方,中间经历了一个从量变到质变的逐步过渡的过程,这种现象叫做差异的中介过渡性;处于中介过渡的事物显示出亦此亦彼性质,由这种亦此亦彼性所引起的外延判断和划分上的不确定性就叫做模糊性."这两种定义都告诉我们这样的一个信息:模糊性与事物的某种亦此亦彼的状态有关,这种状态通常被称为"边界状态".相应的,概念外延中具有这种亦此亦彼性质的元素通常被称为"边界元素".但是,这两种定义都没有能够说清楚模糊性究竟是如何产生的,为什么会出现边界情况.

## 2 什么是模糊性

目前关于模糊逻辑的相关研究工作主要集中在真值域的结构、逻辑联结词的选择以及各种语义解释,逻辑演算系统的性质等传统多值逻辑的研究内容上,而对模糊性、模糊现象本身以及模糊现象与模糊逻辑之间的关系的关注却相对较少. 针对模糊现象的本质及其特征比较集中的论述主要来自于哲学领域(详见[4-7]).

## 2.1 模糊性的基本特征

连锁悖论被认为是模糊性最主要的特征. 一般认为,所有的模糊性都可以转化为谓词的模糊性. 考虑谓词"是高个子",从直觉上看,对于两个身高相差 0.01cm 人,我们通常会把他们看成都是"高个子",或者都不是"高个子",因为他们之间在身高上的这种差别你很难通过肉眼来察觉,甚至我们的测量工具都可能产生这样的误差. 于是,我们可以规定下面的推理规则,记为 $r_H$:如果 $x$ 是高个子,并且 $y$ 仅仅比 $x$ 矮 0.01cm,那么我们认为 $y$ 也是高个子. 想象一种理想的情况:有足够多的人排成一列,站在第一排的人甲身高 2 米,毫无疑问甲是高个子,从第二排开始的每一个人都比他(她)前排的人矮 0.01cm. 按照我们的规则 $r_H$,由于第一排的人是高个子,所以第二排的人也是高个子;由于第二排的人是高个子,所以第三排的人也应该是高个子;重复使用规则 $r_H$,我们得到如下的结论:第 10001 排的人是高个子,但根据我们前面的假设,第 10001 排的人的身高是 1 米,这显然让我们无法接受"他(她)是一个高个子"这样的结论. 于是,悖论就产生了. 对于其他的模糊谓词,像"是一堆谷子""是秃子"等,用类似的方法也很容易构造出相应的悖论,即谷堆悖论、秃子悖论等.

除了连锁悖论以外,称一个谓词是模糊性谓词,通常认为它还应该具有二个明显的特征:一是存在相对于这个谓词的"边界元素". 也就是说,在论域中存在一些元素,我们无法判断这些元素是否具有给定谓词所描述的性质. 例如:吉姆是一个身高 180cm 的英国成年男子,那么吉姆可以被认为是谓词"是高个子"的边界元素,这并不是因为我们认识不足或信息的缺失造成的,而是由于当我们采用"是高个子"来描述一个对象类的时候,我们在本质上无法确定到底吉姆是不是高个子,换句话说,我们不知道命题"吉姆是高个子"是真还是假. 显然,这违反了二值逻辑的排中律. 实际上,当我们说一个命题满足排中律时,即意指这个命题不存在模糊性.

二是无法定义这个模糊谓词的明确外延. 对"是高个子"这个谓词而言,在可考虑的人的高度范围(比如:英国成年男性)内,不存在一个明确的分界线(或者一个关于"高个子"的高度的准确数值)来把高个子和其他人完全分开. 对于前面提到的其他谓词,情况也是类似的. 因此,模糊谓词的边界是模糊的,也就是说,它的外延无法明确的给出. 而在经典逻辑中,一个谓词的外延是可以通过这个谓词本身进行明确的定义,并且能构成一个清晰的经典集合;因此,不存在任何的模糊性. 从上面的分析容易看出,模糊性的这三个基本特征并非彼此完全独立,它们之间又存在着非常密切的内在联系. 也可以说,这三个特征从不同的角度刻画了模糊性. 需要注意的是,这里所谓的"边界元素"是指外延的模糊性. 例如,可以想象有这样一个谓词,我们明确知道那些元素满足这个谓词所描述的性质,也明确的知道那些元素不满足这个谓词所描述的性质,同时也明确知道那些元素是我们无法确定是否满足这个谓词所描述的性质;也就是说,这个谓词产生了对所讨论的对象集合的清晰的划分,分为三个清晰的子集合. 例如,以人为论域,"是男人"就是我们所说的这种谓词,我们知道哪些人明显是男人,哪些人明显不是男人,即女人,还有一些无法确定是否是男人的人,如双性人或阴阳人

(从医学的角度讲). 这里虽然也存在边界状态,但我们说这种情况不是本文所讨论的模糊谓词. 一个真正的模糊谓词,一定是指满足这个谓词的对象集合,不满足这个谓词的对象集合以及无法完全确定是否满足这个谓词的对象集合都没有明确的边界.

## 2.2 什么是模糊性,模糊性是如何产生的?

那么,到底什么是模糊性呢? 一般认为,模糊性是由于事物类属划分的不分明而引起的判断上的亦此亦彼性. 例如,健康人与不健康的人之间没有明确的界线,当判断某人是否属于"健康人"的时候,便可能没有肯定的答案,这就是模糊性的一种表现. 当一个概念不能用一个分明(清晰,或经典)的集合来表示其外延的时候,便存在某些对象在概念的正反两面之间处于亦此亦彼的状态,它们的类属划分便不分明,呈现出模糊性. 所以,模糊性表现为概念外延的不分明性、事物对概念归属的亦此亦彼性. 典型的模糊性谓词有:"是高个子""是红苹果""是秃子""是一堆""是蝌蚪""是孩子"等.

模糊性是怎样产生的呢? 一些学者[8]认为是源于使用自然语言描述事物的属性,而自然语言本身存在模糊性;另外一些学者[9]则认为模糊性是由于命题所处的上下文的不确定造成的. 在某种程度上,这些观点能够解释一些特定的模糊现象,具有一定的合理性. 但是,它们却没有能够说清楚模糊性究竟是如何产生的? 为什么自然语言的使用会产生模糊性? 自然语言的模糊性指的又是什么? 所有的自然语言都会产生模糊性吗? 在完全确定的上下文环境下,为什么模糊性仍然存在? 因此,这些观点又存在很大的局限性. 为此,基于已有研究工作的深入分析,我们提出了下面的观点:

模糊性产生于对对象进行分类的过程中,是事物在发展、演化过程中的连续性、渐进性的一种表现形式(本文仅限于讨论这种模糊性). 正如一个人不可能从一个婴儿瞬间变成一个成年人,它是一个连续变化的、渐进的过程,当我们基于某种目的用离散化的方式来描述这个过程的时候,如分成离散的几个阶段:婴儿、幼儿、少年、青年、壮年、中年、老年等,而且每个阶段只考虑其主要特征而忽略其次要因素时,人成长过程中的这种连续性、渐进性就无法真正的体现出来;于是,模糊性就产生了. 一种常见的将事物发展过程中的连续性、渐进性离散化的方法是使用自然语言,即通过有限或可数多个模糊谓词,来表示事物所具有的某种属性;或者说,自然语言提供了一种将事物发展过程中的连续性、渐进性离散化的有效方法. 因此,模糊现象经常与自然语言联系在一起.

基于以上观点可知,模糊性不是由于人的主观认识达不到客观实际造成的,也不是由于客观事物自身的原因,而是由于人类为了认识复杂的客观事物,基于某种目的(主要是分类)而采用某种特定的认识手段造成的,是主观和客观共同作用的结果. 它不会因为技术手段的提高而被消除,这里所说的技术手段是指:观察手段、描述手段以及语言技巧等外部手段. 例如:我们把"是孩子"这个谓词看成是模糊的,这对于我们理解生活中很多问题是非常重要的. 说某个人"是孩子"往往意味着大人们需要对他(或她)有某种特殊的义务,这些义务是对成年人所没有的. 同时,这些义务会随着他(或她)的年龄的增长逐渐地减少,但不会在一夜之间突然消失. 正如当我们谈论我们的童年时代的时候,我们不会说确切的某一天是我们童年时代的终结. 当然,在法律范畴内,这些概念往往会有一个精确的描述,但这也只是不得已而为之,却并不见得合理. 我们也会把"是红色"这个谓词看成是模糊的,事实上我们在日常生活中也正是这样做的. 我们能够通过肉眼观察来确定哪些是红色,哪些不是红色,哪些在某种程度上是红色等等. 所以,我们认为模糊性是"是红色"这个谓词所固有的本质属性. 如果你把这个谓词看成是精确的。例如,你用关于"波长"的一些精确的数值来定义"红色"这个概念,这样的确可以消除模糊性,但你再也不能通过肉眼观察来确定什么是红色了.

## 3 什么是模糊逻辑

所谓逻辑学,是研究用于区分正确推理与不正确推理的方法和原理的学问. 发展模糊逻辑的基本动机是研究和处理模糊现象,建立区分在模糊环境下(或者基于模糊信息)的合理推理和不合理推理的方法和原理,发现并界定在模糊环境下的合理推理的客观标准,从而使得我们能够把好的论证与坏的论证区别开来. 需要注意的是,这里我们使用"合理"和"不合理"来描述在模糊环境下的推理,而经典逻辑研究的是"正确"和"不正确"的推理. 这种差别的直接反映就是,经典逻辑的真值域只包含 0 和 1 这两个值,研究的是非此即彼的问题;而模糊逻辑的真值域包含除 0 和 1 以外的额外的真值,研究的是亦此亦彼的问题.

### 3.1 什么是模糊逻辑

按照 Zadeh 的观点[10],"模糊逻辑"一词通常有两种不同的含义,即狭义模糊逻辑和广义模糊逻辑. 狭义的模糊逻辑,是指一种特殊的多值逻辑,其研究目标有别于一般的多值逻辑,旨在为近似推理,即基于模糊信息的推理建立形式化的逻辑理论基础. 广义模糊逻辑,指的是一门学科,是基于模糊逻辑连接词以及模糊集合相关的其他概念所发展起来的各种理论和方法,或者是与模糊集合相关的所有理论和方法. 从这个意义上讲,狭义模糊逻辑是广义模糊逻辑的一个分支. 值得注意的是,Novák 曾在文献[11]中也将模糊逻辑分为狭义和广义的模糊逻辑,他所描述的狭义模糊逻辑与 Zadeh 的定义一致,但广义模糊逻辑的含义却有所不同,指的是狭义模糊逻辑的扩充,旨在为人类使用自然语言(主要是评价语言,如很大、很远等)所进行的推理提供形式化的逻辑理论基础. 对此,本文仍然把 Novák 的广义模糊逻辑归入到上面所说的狭义模糊逻辑的范畴. 原因在于,狭义模糊逻辑的研究目标就是建立基于模糊信息的推理的形式逻辑基础,而从前面的分析来看,自然语言,特别是评价语言只是事物的模糊性的表现形式而已,因此基于评价语言表达的推理实际上也就是基于模糊信息的推理. 本文讨论的是狭义模糊逻辑,即模糊逻辑的演绎系统. 对于模糊逻辑的研究任务,需要强调的是,模糊逻辑旨在提供一种合理的数学模型来近似的模拟模糊现象,不是精确的表示模糊现象.

按照 Novák 的观点[11],狭义模糊逻辑按其研究方法上可以分为两类:一类是基于"传统(或经典)语法(traditional(classical)syntax)"和多值语义研究模糊逻辑;另一类是基于"赋值语法(evaluated syntax)"和程度化的多值语义研究模糊逻辑(又称为 Pavelka's logic). 对于前者,研究成果主要集中在真值域为[0,1]的无限值模糊逻辑,其中代表性的工作之一是 Hájek 等人基于连续 $t$ 模的模糊逻辑研究(见[8,12,13]),在这类逻辑系统中,逻辑连接词"合取"的真值函数被解释为[0,1]上的一个 $t$ 模,相应的代数模型被称为 $t$ 模代数,最著名的有:Łukasiewicz 代数、Product 代数、Gödel 代数、MTL 代数等. 其逻辑演算系统与经典逻辑类似. 关于这类模糊逻辑一些重要的研究成果包括[14-17]等. 对于后者,捷克逻辑学家

Pavelka[18]在1979年提出了一种真值域为丰富剩余格(Enriched lattices)相对完备的模糊命题逻辑的理论框架.它的主要特点是,真值域里面的元素被作为逻辑常量公式包含在形式语言中,而且一些不是恒真的公式也被纳入到公理系统中,公理集被定义成一个格值模糊集合.在形式推演过程中作为前提的逻辑公式也被赋予了一个真值,推理规则包含了公式间真值的传递运算,推理结论的真值可以由前提公式的真值用推理规则计算得到.后来我们也把这种模糊逻辑称为具有程度化特性的模糊逻辑[19,20],与这类模糊逻辑相关的研究工作包括[21-25]等.

同时,一个关于模糊命题的推理可能是绝对的真或者绝对的假,也可能是某种程度的真或者某种程度的假.因此,我们赞成按Pavelka方式建立形式模糊逻辑理论.

### 3.2 真值域及相应的代数结构

所谓模糊命题的真值,或者一个对象在某个模糊集合中的隶属度,通常被认为是对对象具有某种模糊性质的信任程度的一个近似的描述.那么,模糊命题的真值应该来自何处呢?或者,应该取什么样的集合作为模糊命题的真值集呢?学术界至今仍然没有一个完全一致的观点.一些人支持三值、四值等有限值,另外一些人则认为取无限值(如:[0,1])更合理.一些人认为应该取全序集合,另外一些人则认为格序或者更一般的偏序更符合客观实际.到底应该采用哪种真值结构呢?我们认为应该从模糊逻辑的研究任务出发来进行考虑,模糊逻辑的目标是提供一种合理的数学模型来近似地模拟模糊现象,而现实世界中的模糊现象往往有多种不同的类型,如一维的模糊现象、多维的模糊现象等;同时,在实际问题中对模拟模糊现象的要求往往也各不相同.因此,模糊逻辑应该是一个开放的系统,可以根据具体的研究对象和任务要求选择合适的真值集,既可以是有限值,也可以是无限值;既可以是全序,也可以是格序或一般的偏序.

关于模糊命题真值的另外一个无法回避的问题是:如何确定一个模糊命题的真值?相应地,在模糊集合理论中,即如何确定一个模糊集合的隶属函数?对此,波莱尔在解决"一堆"问题时,曾给出了这样的一个设想:每次让人报一个区间$[\xi,+\infty]$以表示"一堆"的一个近似外延,其中$\xi$是一个因人而异,因时而异的自然数.统计这些区间对某一个自然数$n$的覆盖频率,用它可以表示$n$对于"一堆"概念的符合程度,或者隶属度.利用模糊统计确定隶属函数的方法正是基于这种思想建立的.大量的试验表明,类似于概率统计试验中事件发生的频率的稳定性,在模糊性统计中也存在着覆盖频率稳定性的规律,这在一定程度上说明了隶属度概念是一种符合客观实际的正确抽象.其他一些确定模糊集合隶属函数的方法还包括:直觉方法、指派方法、插值法、投票法、专家经验法、最小模糊度法、逻辑推理方法、相似度法等(详见[26,27,28]).

目前所研究的模糊逻辑大多数都以剩余格[29]为基础建立相应的代数模型,是基于什么原因呢?事实上,这是多值逻辑,甚至范围更广的子结构逻辑(substructure logic)通用的一种研究方法.主要是基于以下的原因:当我们将一个逻辑系统按照Gentzen的方式形式化,建立矢列式演算系统的时候,如果在这个演算系统中至少缺乏三个基本的结构规则(即:交换、收缩和弱化规则)中的一个,则称这样的逻辑系统为子结构逻辑.例如:多值逻辑、模糊逻辑和线性逻辑都属于子结构逻辑,它们的矢列式演算系统中都缺少收缩规则.相干逻辑

(relevance logic)也是子结构逻辑,它的矢列式演算系统中缺少弱化规则. 而所有子结构逻辑的矢列式演算系统都具有一种剩余性质(residuation property). 确切地说,在某个给定的子结构逻辑系统 $L$ 中,逻辑公式 $C$ 可以由公式 $A$ 和 $B$ 推出当且仅当公式 $A \rightarrow C$ 可以仅仅由公式 $B$ 推出. 用形式化的方式描述,即为

$$A, B \rightharpoonup C \text{ 在 L 中可证,当且仅当 } B \rightharpoonup A \rightarrow C \text{ 在 L 中可证.} \tag{1}$$

在一个逻辑系统的矢列式演算系统中,如果包括所有的结构规则,或者至多缺少右弱化结构规则,则在一个矢列中,矢列箭头左边的逗号相当于联结词"合取",右边的逗号相当于联结词"析取". 当一个逻辑系统的矢列式演算系统中缺少某些结构规则的时候,矢列箭头左边的逗号通常不再解释为"合取". 此时引入一个新的逻辑联结词 · (称为融合(fusion),也称乘法合取),并且当一个矢列的后件只有单独的一个公式的时候,引入下面的规则:

$$\cdot \rightharpoonup : \frac{\Gamma, \alpha, \beta, \Delta \rightharpoonup \varphi}{\Gamma, \alpha \cdot \beta, \Delta \rightharpoonup \varphi}, \quad \rightharpoonup \cdot : \frac{\Gamma \rightarrow \alpha' \Sigma \rightharpoonup \beta}{\Gamma, \Sigma \rightharpoonup \alpha \cdot \beta}$$

则式(1)可表示为 $A \cdot B \rightarrow C$ 在 L 中可证,当且仅当 $B \rightarrow A \rightarrow C$ 在 L 中可证. 在系统 L 相应的代数模型中,上式又可以表示为:$a \otimes b \leqslant c$ 当且仅当 $b \leqslant a \rightarrow c$,这里⊗表示与 · 相对应的代数运算. 这条代数性质也被称为剩余律(the law of residuation). 而满足剩余律最基本的代数结构是剩余格;同时,剩余格又是对布尔代数、关系代数等经典逻辑代数的推广. 正是基于以上原因,几乎所有的子结构逻辑(包括模糊逻辑)都以剩余格为基础建立相应的代数语义模型.

### 3.3 模糊逻辑的语义:真值函数(truth-functionality)

"真值函数"或"真值函项"是经典逻辑的核心概念之一,它表示对逻辑联结词的一种解释方法. 将一个逻辑联结词解释为真值函数,是指基于这个联结词所构成的复合逻辑公式的真值完全由它的组成部分公式的真值唯一决定. 换句话说,基于这个联结词所构成的复合逻辑公式的真值是它的各组成部分公式的真值的函数. 例如:将逻辑联结词 ∨ 解释为真值函数,复合公式 $A \vee B$ 的真值唯一的由公式 $A$ 和公式 $B$ 的真值来决定. 例如,如果用 $v(A)$、$v(B)$ 和 $v(A \vee B)$ 分别表示公式 $A$、$B$ 和 $A \vee B$ 的真值,那么 $v(A \vee B) = \max\{v(A), v(B)\}$,$v(A \vee B)$ 是 $v(A)$ 和 $v(B)$ 的函数.

总所周知,经典的二值逻辑采用真值函数的方法来决定复合逻辑公式的真值. 通过引入额外的真值,模糊逻辑扩充和发展了二值逻辑. 而大多数模糊逻辑仍然沿用了二值逻辑的真值函数方法,但要求当复合公式的每个组成部分公式的真值只取 0 或 1 这两个值的时候,复合公式的真值退化为经典情形,就是所谓的"正规性约束"(normality constraint). 这是合理的,也比较符合人们对模糊命题的直观认识. 经典逻辑之所以无法处理模糊信息,原因在于经典逻辑缺乏表示边界状态命题的真值,但当加入额外的真值以后,所获得的逻辑也应该同样可以用来处理不存在边界状态的清晰信息,或者说当我们不考虑额外真值的时候,模糊逻辑应该能够退化为经典逻辑. 在这种约束下,每一个逻辑联结词仍然有很多种真值函数可供选择,但麻烦在于,到底如何为逻辑联结词选择合适的真值函数呢? 又依据什么样的标准进行选择呢?

因此,一些学者对模糊逻辑采用真值函数解释逻辑联结词的做法提出了质疑. 英国著名

的哲学家、逻辑学家 Dorothy Edgington[30]给出了这样一个例子：对象 $x$ 具有“是红色”这个性质的真度是 1，具有“体积小”的真度是 0.5；而对象 $y$ 具有“是红色”这个性质的真度是 0.5，具有“体积小”的真度也是 0.5. 那么，按照“真值函数”的方法，可以得到下面的结论：“$x$ 是红色并且体积小”的真度应该是“$x$ 是红色”和“$x$ 体积小”的真度的合取，如果取“最小值”作为“合取”的语义解释，则它的真度应该是 0.5；同样地，可以得到“$y$ 是红色并且体积小”的真度也是 0.5，这显然违背了我们的直觉. 另外，Elkan[31]在 1994 年所提出的“西瓜问题”的例子也与 Edgington 的例子非常相似. 这些例子反映了模糊逻辑采用“真值函数”的方法确实存在一些问题. 但是，如何解决这些问题呢？目前的观点主要有两种：一种观点[17,32]认为模糊逻辑的联结词不存在一种普遍有效的语义解释，应该根据具体问题的实际情况为逻辑联结词选择合适的语义算子. 但这样却产生了另外一个问题，对一个具体问题而言，如何选择“合适的”算子？又怎样判断这些算子的合理性呢？另外一种观点主要以 Edgington 为代表，Edgington[30]认为目前在模糊逻辑研究中被普遍采用的真值函数的方法本身并不合理，她建议模糊逻辑应该像概率论一样，在考虑复合模糊逻辑公式的真值的时候区分各种模糊命题之间的关系，如独立性、不相容性，等等，采用“非真值函数(non-truth-functional)”的方法来解释模糊逻辑中的各种联结词. 但究竟如何区分各种模糊命题之间的关系呢？Edgington 没能给出一个明确的答案. 客观地讲，这两种观点都能够在一定程度上解释一些特定的模糊问题，都具有一定的合理性，是对模糊逻辑理论非常有益的发展，但各自又都存在着不足. 从中也可以看出，模糊逻辑理论在处理模糊现象时的确还存在很多问题，其理论基础亟需完善.

那么，问题究竟出在哪里呢？基于在第 2 节中关于模糊性的分析，针对 Edgington 的例子，问题的关键是 Edgington 把二维的模糊性当成了一维来进行处理，从而导致了违背直觉的结论. 这里的“$x$ 是红色并且体积小”不能简单的看成是“$x$ 是红色”和“$x$ 体积小”的合取，因为“是红色”和“体积小”是两种不同类型的模糊属性，对象 $x$ 同时具有这两种模糊属性，因此 $x$ 所具有的模糊属性是二维的，而不是一维的. 正如前文所述，二维的模糊属性不能简单地用一个一维的实数来表示其真度. 因此，“$x$ 是红色并且体积小”的真值应该取$(1,0.5)$而不是取 1 和 0.5 中的最小者. 同样，“$y$ 是红色并且体积小”的真值应该取$(0.5,0.5)$. 再按照通常的$[0,1]\times[0,1]$上的自然序关系来处理这个问题，相应的结论就比较符合我们对这个问题的直观理解了. 事实上，在模糊逻辑的框架下，命题“$x$ 是红色并且体积小”并不是一个复合命题，而是一个原子命题，因为这里“是红色并且体积小”本身也是一个模糊谓词，是一个二维模糊谓词. 容易看出，上述分析也同样适用于 Elkan 的“西瓜问题”.

尽管如此，我们认为，模糊逻辑用“真值函数”解释逻辑联结词的方法也并非完全不可取. 举例来说，如果把命题“$x$ 是红色并且也是绿色”看成是命题“$x$ 是红色”和“$x$ 是绿色”的“合取”，并将“合取”解释为“最小值”，那么这是合理的. 但同时我们也认为，应该考虑 Edgington 的建议，即像概率论一样区分各种模糊命题之间的关系. 也就是说，复合模糊命题的真值不仅仅取决于各组成部分的真值，同时也应该取决于它们之间的关系. 而区分各种模糊命题之间的关系则需要我们对模糊现象具有更加深刻的认识.

### 3.4 模糊信息与模糊逻辑

发展模糊逻辑的出发点是希望研究和处理模糊现象，为模糊信息处理的理论和方法建立严格的逻辑基础.迄今为止,模糊逻辑在理论方面已经取得了很多重要的研究成果;但已有的这些模糊逻辑系统能否作为刻画模糊现象的数学模型呢?能否作为一种合理的处理模糊信息的有效工具呢?捷克的两位模糊逻辑领域的专家 Běhounek 和 Novák 对此都给出了否定的答案. Běhounek[33]这样说到:“当然,模糊逻辑不能称为模糊现象的逻辑,模糊现象具有很多方面的特征,而其中的大多数特征都没有被演绎模糊逻辑捕捉到(例如:模糊现象的‘非真值函数’特征)”. 而 Novák[34]则认为:“模糊逻辑仅仅是一种序结构的逻辑而不是模糊现象的逻辑……哪种逻辑更适合于解决与模糊现象的数学模型及其应用相关的问题,至今仍然没有明确的答案”. 同时,相似的观点也出现在 Gottwald 的专著[35]的第 19 章中. 另外,在上一节中所提到的两个例子也从侧面反映了现有的这些模糊逻辑系统在研究模糊现象时所存在的局限性. 而且,这种局限性并非来自于进一步研究与模糊逻辑相关的代数结构和性质的迫切需要,而是根植于现有模糊逻辑的研究方法和研究思路. 现有模糊逻辑的研究思路主要是将经典逻辑的研究方法与真值域的扩充相结合,而不是基于模糊现象本身的特征来建立模糊逻辑理论. 事实上,早在 20 世纪 20 年代初就开始研究的多值逻辑也不是起源于研究模糊现象.

基于上述分析,模糊逻辑要完成研究和处理模糊现象这一目标,其研究方法和研究思路必需着眼于模糊现象本身. 我们认为,Zadeh 在 0 和 1 中间加入额外的真值来模拟模糊现象的做法本身是可取的,但是它的基本概念和运算还需要明确化、严格化,其理论基础需要进一步完善. 同时,我们也相信多值逻辑能够为模糊逻辑的发展提供必要的理论和方法.

## 4 结论与展望

综上所述,模糊现象的特征、模糊性的本质是发展模糊逻辑及其相关理论的基础,研究和处理模糊信息是发展这些理论的根本动机,只有基于模糊现象的本质及其基本特征而建立的模糊逻辑理论才能真正成为处理模糊现象的有效工具. 因此,从严格意义上讲,现有的模糊逻辑还不能作为刻画模糊现象的数学模型. 那么,怎样才能建立真正能刻画模糊现象的数学模型呢?我们认为,研究和处理随机现象的概率论中的一些思想和方法能够为我们研究模糊逻辑提供非常重要的参考.

20 世纪 30 年代,苏联著名数学家 Kolmogorov 所建立的概率论公理系统为概率论奠定了严密的数学理论基础,使得概率论成为一门公认的数学学科. 在概率论中,表示一个随机事件发生概率的实数是不是“精确地”反映了这个随机事件发生的可能性其实并不重要,也无从验证,重要的是在样本空间中各个随机事件发生的概率在整体上应该满足概率论的公理系统. 也就是说,概率论是基于“整体”而不是“局部”认识随机现象的数量规律,从而提供了一种处理随机事件“整体性规律”的工具. 举例来说,已知有一个多面体,你不知道它有几个面,但知道它有一个面是黄色的. 现在的问题是:在一次掷多面体的过程中,朝上一面是黄色的概率是多少?对于这个问题,恐怕概率论的专家们也很难回答. 为什么呢?因为按照概率论的观点,要回答这个问题,我们还需要一些其他的信息。例如,这个多面体有几个面?是不是正多面体?每一面的颜色是不是彼此都不相同等等. 也就是说,要知道一个随机事件发生的可能性是多少,概率论需要考虑与这个事件相关的一切信息,从而从“整体”上去把握它的数量规律.这就是概率论研究随机现象的一个基本的思路.

尽管模糊理论与概率论所处理的对象存在着本质的不同:模糊性不同于随机性,但是我们认为,模糊逻辑的研究应该借鉴概率论的基本思想原则,即从“整体”而不是“局部”去考虑事物的模糊性,或者研究模糊现象的数量规律.原因在于,虽然概率论和模糊理论所处理的对象不同,但它们在很多方面非常相似,这也是研究者总是喜欢将概率论和模糊理论进行比较的原因.模糊理论和概率论一个重要的共同之处在于,它们都不同于传统的数学,对一个问题的求解,没有所谓的“绝对正确”和“绝对错误”的答案,只有“理论上正确”和“理论上不正确”,或者甚至只有“合理”与“不合理”的答案.模糊理论和概率论所反映的都不仅仅是事物的客观规律,同时也包含了人类对客观事物的主观认识.对于一个模糊命题的真值,或者一个元素隶属于某个模糊集合的隶属度,举例来说,对于命题“27 岁的 Tom 属于‘青年’人”,我们不应该,也没有必要纠缠于它的真值是 0.78 还是 0.79,或者 0.76,或者是区间[0.7,0.8];而应该将注意力集中在与“青年”密切相关的信息上去,从整体上去把握这个命题的真值.也就是说,如果 Tom 属于“青年”的程度是 0.78,那么他属于“中年”或者“少年”的程度就不可能也是 0.78,或者 0.7.更确切地讲,应该考虑与“青年”密切相关的模糊谓词,如:“少年”“中年”“老年”等之间的关系,这与概率论将一个随机事件置于样本空间中进行考虑的研究思路是一致的.我们认为只有这样,所发展起来的模糊逻辑理论才能真正成为处理模糊现象有效的数学工具.

下面是与本文研究内容密切相关的进一步的参考文献,针对“模糊性”这一课题较早的研究可见于 Russell 和 Black 的工作[36,37],文献[38,39]则主要从哲学的角度论述了“模糊性”的本质、针对“模糊性”最主要的学术观点以及与“模糊性”相关的哲学问题,关于“模糊性”比较精炼的评述见[40,41].针对模糊现象几种主要的理论和方法可参考文献[9,42,43].关于各种模糊集合论以及它们与概率论、不确定性理论以及可能性理论之间的关系的研究可参考[9-12,18-20,22-27,29,30,33,36,38,52,54,59,68,69],而对于模糊集合的语义理论,特别是隶属函数的构造方法比较全面、深入的研究可参考[10,25,37].关于模糊逻辑相应的代数理论、模糊逻辑演算以及基于模糊逻辑的近似推理理论的一些非常重要的研究成果主要包括在文献[2,17,24,42]中,对于格值模糊逻辑理论及其应用的专门论述则见于文献[66].

## 参考文献

[1] NOVÁK V, PERFILIEVA I, MOCKOR J. Mathematical principles of fuzzy logic[M]. Boston: Kluwer, 1999.

[2] PEIRCE C S. “Vague”[M]//BALDWIN J M. Dictionary of Philosophy and Psychology, New York: MacMillan, 1902: 748.

[3] 华罗庚,苏步青,等.中国大百科全书:数学[M].北京:中国大百科全书出版社,1992.

[4] DEEMTER K. V. Not Exactly: in praise of vagueness[M]. New York: Oxford University Press, 2010.

[5] KEEFE R. Theories of vagueness[M]. Cambridge: Cambridge University Press, 2000.

[6] PABLO C. Vagueness:Subvaluationism[J]. Philosophy Compass,2013,8:472-485.
[7] RONZITTI G. Vagueness:A guide[M]. Springer,2011.
[8] ÉGRÉ P,KLINEDINST N. Vagueness and language use[M]. Palgrave Macmillan,2011.
[9] MARKS II R J. Fuzzy logic technology and applications [M]. IEEE Technical Activities Board,1994.
[10] NOVÁK V. Which logic is the real fuzzy logic? [J]. Fuzzy Sets and Systems,2006,157: 635-641.
[11] CINTULA P,HÁJEK P,C. NOGUERA. Handbook of mathematical fuzzy Logic,studies in logic,mathematical logic and foundations[J]. London:College Publications,2011:37-38.
[12] CINTULA P,HÁJEK P. Triangular norm based predicate fuzzy logics[J]. Fuzzy Sets and Systems,2010,161:311-346.
[13] WEI P D,YANG R. Hierarchical structure and applications of fuzzy logical systems[J]. 2013,54:1483-1495.
[14] 王国俊. 非经典数理逻辑与近似推理[M]. 2 版. 北京:科学出版社,2008.
[15] WANG S M. Involutive uninorm logic with the n-potency axiom[J]. Fuzzy Sets and Systems,2013,218:1-23.
[16] 张小红. 模糊逻辑及其代数分析[M]. 北京:科学出版社,2008:2-3.
[17] PAVELKA J. On fuzzy logic I: Many-valued rules of inference, II: Enriched residuated lattices and semantics of propositional calculi, III: Semantical completeness of some many-valued propositional calculi[J]. Zeitschr. F. Math. Logik und Grundlagend. Math.,1979, 25:45-52,119-134,447-464.
[18] 潘小东. 关于格值逻辑及其语言真值不确定性推理研究[D]. 成都: 西南交通大学,2010.
[19] PAN X D,XU Y. Semantic theory of finite lattice-valued propositional logic[J]. Sci. China Inf. Sci.,2010:53:2022-2031.
[20] PAN X D. MENG D. Trangular norm based graded convex fuzzy sets[J]. Fuzzy Sets and Systems,2012,2009:1-13.
[21] PAN X D,MENG D,XU Y. Syntax theory of finite lattice-valued propositional logic[J]. Sci. China Inf. Sci.,2013,56:1-12.
[22] PAN X D,XU Y. On the algebraic structure of binary lattice-valued fuzzy relations[J]. Soft Computing,2013,17:411-420.
[23] TURUNEN E. Mathematics Behind Fuzzy Logic[J]. Heidelberg:Physica-Verlag,1999.
[24] TURUNEN E.,ÖZTÜRK M,TSOUKIÁS A. Paraconsistent semantics for Pavelka style fuzzy sentential logic[J]. Fuzzy sets and Systems,2010,161:1926-1940.
[25] MEDASANI S,KIN J,KRISHNAPURAM R. An overview of membership function generation techniques for pattern recognition[J]. International Journal of Approximate Reasoning, 1998,19:391-417.

[26] 谢季坚,刘承平,模糊数学方法及其应用[M].3 版,华中科技大学出版社,2006.
[27] WARD M,DILWORTH R P. Residuated lattices[J]. Proceedings of the National Academy of Sciences,1938,24:162-164.
[28] EDGINGTON D. Vagueness by degrees[M]. The M. I. T Press,1997:294-316.
[29] ELKAN C. The paradoxical success of fuzzy logic[J]. IEEE Expert,1994:3-8.
[30] XU Y,RUAN D,et al. Lattice-Valued Logic:An alternative approach to treat fuzziness and incomparability[M]. Heidelberg:Springer-Verlag,2003.
[31] BĚHOUNEK L. Logical foundations of fuzzy mathematics[D]. Prague Faculty of Arts, Charles University in Prague,2009.
[32] NOVÁK V. Reasoning about mathematical fuzzy logic and its future[J]. Fuzzy Sets and Systems,2012,192:25-44.
[33] GOTTWALD S. A treatise on many-valued logics[M]. London: Research Studies Press,2000.
[34] RUSSELL B. VAGUENESS[J]. Austral. J. Phi. ,1923,1:84-92.
[35] SAINSBURY R M. Paradoxes[M]. 3rd edition. Cambridge, Mass: Cambridge University Press,2009.
[36] SMITH P. Vagueness:A Reader[M]. Cambridge,Mass. :MIT Press,1997.
[37] http://en. wikipedia. org/wiki/Vagueness.
[38] http://plato. stanford. edu/entries/vagueness.
[39] CINTULA P,HÁJEK P,HORĈK R. Formal systems of fuzzy logic and their fragments[J]. Annals of Pure and Applied Logic,2007,150:40-65.
[40] FINE K. Vagueness,truth and logic[J]. Synthese,1975,30:265-300.
[41] BLACK M. Vagueness:An exercise in logical analysis,Philos. Sci. ,1937,4:427-455.
[42] BEDE B. Mathematics of fuzzy sets and fuzzy logic[M]. Heidelberg:Springer-Verlag,2013.
[43] DALE A. I. Probability,Vague statements and fuzzy sets[J]. Philosophy of science,1980, 47:38-55.
[44] DRAKOPOULOS J A,Probabilities,possibilities,and fuzzy sets[J]. Fuzzy Sets and Systems, 1995,75:1-15.
[45] DUBOIS D,PRADE H. The three semantics of fuzzy sets[J]. Fuzzy Sets and Systems,1997, 90:141-150.
[46] DUBOIS D. Possibility theory and statistical reasoning,Comput[J]. Stat. and Data Anal. , 2006,51:47-69.
[47] DUBOIS D,PRADE H. Possibility theory:qualitative and quantitative aspects//GABBAY D M,SMETS P P. Dditor's handbook of defeasible reasoning and uncertainty management systems:Vol. 1. . Dordrecht:Kluwer Academic,1998:169-226.
[48] GERLA G. Fuzzy logic:mathematical tools for approximate reasoning[M]. Dordrecht,Kluwer,2001.
[49] GORZAŁCZANY M B. A method of inference in approximate reasoning based on interval-

valued fuzzy sets[J]. Fuzzy Sets and Systems, 1987, 21: 1-17.

[50] GOGUEN J A. L-fuzzy sets[J]. J. Math. Appl. Appl. 1967, 18: 145-174.

[51] GOGUEN J A. The logic of inexact concepts[J]. Synthese, 1969, 19: 325-373.

[52] GUINESS I. G. Fuzzy membership mapped onto interval and many-valued quantities[J]. Z. Math. Logik. Grundladen Math., 1975, 22: 149-160.

[53] HÁJEK P. Metamathematics of fuzzy logic[M]. Dordrecht: Kluwer, 1998.

[54] HALPERN J. Reasoning about uncertainty[M]. MIT Press, 2005.

[55] 胡宝清,模糊理论基础[M]. 武汉大学出版社,2010.

[56] HU B Q, KWONG C K. On type-2 fuzzy sets and their t-norm operations[J]. Information Sciences, 2014, 255: 58-81.

[57] HU B Q, WANG C Y. On type-2 fuzzy relations and interval-valued type-2 fuzzy Sets[J]. Fuzzy Sets and Systems, 2014, 236: 1-32.

[58] HUBBARD D. How to Measure Anything: Finding the Value of Intangibles in Business [M]. 2nd ed. John Wiley & Sons, 2010.

[59] KARNIK N N, MENDEL J M. Operations on type-2 fuzzy sets[J]. Fuzzy Sets and Systems, 2001, 122: 327-348.

[60] KOSKO B. Fuzziness VS. Probability[M]. Int. J. General Systems, 1990, 17: 211-240.

[61] LINDLEY D V. Understanding Uncertainty[M]. Wiley-Interscience, 2006.

[62] LIU L Z. On the existence of states on MTL-algebras[J]. Information Sciences, 2013, 220: 559-567.

[63] MENDEL J M. Advances in type-2 fuzzy sets and systems, Information Sciences, 2007, 177: 84-110.

[64] 摩根,亨利昂. 不确定性[M]. 王红漫,译. 北京大学出版社,2011.

[65] ROSS S M. 概率论基础教程[M]. 8 版. 郑忠国,詹从赞,译. 北京:人民邮电出版社,2010.

[66] SADEGHIAN A, MENDEL J M, TAHAYORI H. Advances in type-2 fuzzy sets and systemstheory and applications[M]. New York: Springer, 2013.

[67] SAINSBURY R M. "Concepts without boundaries", Vagueness: A Reader, in Keefe and Smith[M]. The M. I. T Press, 1997: 251-264.

[68] SHAPIRO S. Vagueness in Context[M]. Oxford University Press, 2006.

[69] SUPPES P. The measurement of belief[J]. Journal of the Royal Statistical Society, 1974, 36: 160-191.

[70] 吴望名,关于模糊逻辑的一场争论[J]. 模糊系统与数学,1995,9: 1-10.

[71] ZADEH L A. Fuzzy logic and approximate reasoning[J]. Synthese, 1975, 30: 407-428.

# 直觉模糊数的几何指标排序

李　梦,李志伟,郝文娟

(首都师范大学 数学科学学院,北京 100048)

**摘　要**:在决策信息由直觉模糊数描述的模糊多属性决策理论与方法中,直觉模糊数的排序一直是研究中的一个重要内容.本文从直觉模糊集的空间几何描述出发,利用其几何特征,依据反映直觉模糊数优劣的几何量,构造了直觉模糊数的几何排序指标,给出了该指标的若干性质,并由此证明了该指标的有效性与可行性,从而给出直觉模糊数的一种排序方法,最后通过算例与其他排序指标做比较,阐明该方法优于其他排序方法.

**关键词**:直觉模糊数;评分函数;几何特征;排序指标

**中图分类号**:O159　　　　**文献标志码**:A

# Geometric Ranking Index of Intuitionistic Fuzzy Number

LI Meng, LI Zhiwei, HAO Weijuan

(School of Mathematical Sciences, Capital normal university, Beijing 100048, China)

**Abstract**: Intuitionistic fuzzy number ranking has always been an important content when the fuzzy multiple attribute decision making theory and method with intuitionistic fuzzy number attribute value are studied. In this paper, the geometric features of intuitionistic fuzzy sets are analyzed based on the space geometric description of intuitionistic fuzzy number. A geometric ranking index is given according to some geometric quantities which reflect the inferiors and superiors of intuitionistic fuzzy number, and the validity and feasibility are proved by the analysis of its several properties. Then, a ranking method of intuitionistic fuzzy number is obtained. Finally, it is illustrated that the ranking method is better than the other sorting index methods through numerical comparison.

---

**基金项目**:教育部人文社会科学研究 2010 规划项目(10YJAZH039 与 10YJAZH045)

**作者简介**:李梦(1988—),女,山东泰安人,研究生,研究方向:格上拓扑与粗糙集理论;李志伟(1966—),男,湖北咸宁人,副教授,研究方向:模糊逻辑与粗糙集理论;郝文娟(1987-),女,山西太原人,研究生,研究方向:格上拓扑与粗糙集理论。

**Key words**: intuitionistic fuzzy number; score function; geometric feature; ranking index

## 1 引言

Zadeh 于 1965 年提出了模糊集理论[1],为了提高模糊集理论在处理模糊性和不确定性等方面的灵活性和实用性,保加利亚学者 Atanassov 综合考虑了隶属度、非隶属度和犹豫度三个方面的信息,于 1986 年给出了直觉模糊集的概念[2].直觉模糊集在决策、管理等诸多领域应用广泛,目前,大多数文献通过构造评分函数将直觉模糊数反映的不确定信息转化成实数来进行比较和排序,如文献[3]利用得分函数对直觉模糊数排序;文献[4]指出文献[3]中只利用得分函数对直觉模糊数排序的不足,定义了精确函数,将其与得分函数结合对直觉模糊数进行排序.但上面的方法忽视了犹豫部分对决策的影响,有时会影响到决策的准确性,因此后来有些学者对犹豫部分进行分析,从而定义了一系列评分函数[5-8],但是由于犹豫群体倾向支持、反对、犹豫的比例难以准确确定,所以这些评分函数都会出现对一些直觉模糊数无法比较,或是比较结果与实际情况相反的不足[9-10].

上述不足可启发人们从其他方式来构造排序指标,有学者曾给出了 Vague 集的几何描述[11],这对构造几何排序指标有一定的借鉴作用.本文将从直觉模糊集的空间几何描述出发,通过分析直觉模糊数的几何特征,从而得到直觉模糊数的一种几何排序指标.

## 2 预备知识

**定义 2.1**[2] 设 $U$ 是一个非空经典集合,则称 $A=\{\langle x,\mu_A(x),\nu_A(x)\rangle x\in U\}$ 为 $U$ 上的一个直觉模糊集.其中,$\mu_A:U\to[0,1]$ 和 $\nu_A:U\to[0,1]$ 分别表示 $U$ 上元素 $x$ 属于 $A$ 的隶属度和非隶属度,并对任意的 $x\in U$ 有 $0\leqslant\mu_A(x)+\nu_A(x)\leqslant 1$.集合 $U$ 上的直觉模糊集全体构成的集合记为 $IFS(U)$,设 $A\in IFS(U)$,则称 $\pi_A(x)$ 为 $x$ 属于 $A$ 的犹豫度,其中 $\pi_A(x)=1-\mu_A(x)-\nu_A(x)$.

论域 $U$ 中的每一个元素 $x$ 都有对应的隶属度和非隶属度,为方便起见,将此有序对 $\alpha=(\mu_\alpha(x),\nu_\alpha(x))$ 简记为 $\alpha=(\mu_\alpha,\nu_\alpha)$,称作直觉模糊数,其中 $\mu_\alpha\in[0,1]$,$\nu_\alpha\in[0,1]$,$\mu_\alpha+\nu_\alpha\leqslant 1$.

**定义 2.2**[2] 设 $\alpha=(\mu_\alpha,\nu_\alpha)$ 和 $\beta=(\mu_\beta,\nu_\beta)$ 为直觉模糊数,若 $\mu_\alpha\geqslant\mu_\beta,\nu_\alpha\leqslant\nu_\beta$,则称 $\alpha$ 优于 $\beta$;$\alpha=\beta$ 当且仅当 $\mu_\alpha=\mu_\beta,\nu_\alpha=\nu_\beta$.

## 3 基于几何指标的直觉模糊数排序

### 3.1 直觉模糊集的几何描述

设 $F$ 是论域 $U$ 上的直觉模糊集,其任意一个元素可以表示为一个三元组$(\mu,\nu,\pi)$,即能用三维坐标中的一个点$(\mu,\nu,\pi)$来表示,由于 $0\leqslant\mu\leqslant 1,0\leqslant\nu\leqslant 1,0\leqslant\pi\leqslant 1$ 且 $\mu+\nu+\pi=1$,因此直觉模糊集是三维直角坐标系中平面 $\mu+\nu+\pi=1$ 在第一卦限的部分[10].直觉模糊集中的每个元素在 $\mu\nu$ 平面都有一个一一对应的点,可将此三维图形投影到 $\mu\nu$ 坐标系中.

### 3.2 基于几何指标的直觉模糊数排序

根据直觉模糊集的二维几何描述,将直觉模糊数 $\alpha=(\mu,\nu)$ 在二维平面上表示出来,得到关于 $\alpha=(\mu,\nu)$ 的一个二维几何模型,如图 1. 考虑直觉模糊数 $\alpha=(\mu,\nu)$,它可表示为 $\triangle ABO$ 中的一个点,最优的直觉模糊数是隶属度为 1,非隶属度为 0 的直觉模糊数,即三角形中的 $A$ 点,因此 $\alpha=(\mu,\nu)$ 对应的点如果与 $A$ 点越接近,则此直觉模糊数越优.

由图 1 可以看出,对一个直觉模糊数 $\alpha=(\mu,\nu)$,我们可以作出过该点的表示犹豫度的直线,即一条过点 $(\mu,\nu)$ 且与直线 $AB$ 平行的直线,记为 $l$. 对于该直线上的点,$\triangle DEF$ 的面积 $S_1$ 越大,$\triangle DCG$ 的面积 $S_2$ 越小,则点 $(\mu,\nu)$ 越接近点 $(1,0)$,即直觉模糊数 $\alpha$ 就越优. 此外,从模糊性越小越好的角度来看,直觉模糊数的犹豫度越小越好,也就是说过点 $\alpha=(\mu,\nu)$ 的犹豫度直线与两坐标轴相交的线段的长度越长越好,并且线段长度是小于等于 $\sqrt{2}$ 的. 由此可以定义一个直觉模糊数的几何排序指标如下:

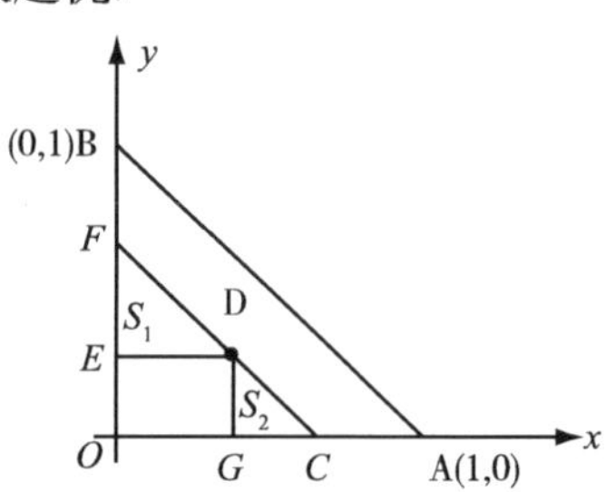


**图 1　直觉模糊数的二维模型**

**定义 3.1**　设 $\alpha=(\mu,\nu)$ 是一个直觉模糊数,定义

$$T(\alpha)=\frac{4S_1+\sqrt{2}\,l(1-2S_2)}{4+8S_2}-\frac{\sqrt{2S_2}}{2}, \tag{1}$$

称 $T(\alpha)$ 为直觉模糊数 $\alpha$ 的几何排序指标,其中 $S_1$,$S_2$,$l$ 如图 1 所示.

**定理 3.1**　设 $\alpha=(\mu,\nu)$ 是任意一个直觉模糊数,$\alpha_1$、$\alpha_2$ 是 $\alpha$ 对应点所在直线 $l$ 上的任意两个不同点所表示的直觉模糊数,则 $\pi_{\alpha_1}=\pi_{\alpha_2}=\pi_\alpha$,其中 $\pi_\alpha=1-\mu-\nu$ 为 $\alpha$ 的犹豫度.

证明:如图 1,可以直接证明结论成立.

**定理 3.2**　设 $\alpha=(\mu,\nu)$ 是一个直觉模糊数,则由几何排序指标 $T(\alpha)$ 可以确定一个评分函数 $T(\mu,\nu)$:

$$T(\mu,\nu)=T(\alpha)=\frac{\mu^2+2\mu+2\nu}{2+2\nu^2}-\frac{1}{2}\mu-\nu \tag{2}$$

证明:如图 1 得 $S_1=\frac{\mu^2}{2}$,$S_2=\frac{\nu^2}{2}$,$l=\sqrt{2}(\mu+\nu)$,将其代入几何指标 $T(\alpha)$ 即可得证.

由直觉模糊数的几何排序指标的定义可以看出,$T(\alpha)$ 的值越大,则说明直觉模糊数 $\alpha$ 越优. 基于此,给出如下直觉模糊数的比较与排序方法.

**定义 3.2**　设 $\alpha=(\mu_\alpha,\nu_\alpha)$ 和 $\beta=(\mu_\beta,\nu_\beta)$ 为两个直觉模糊数,$T(\alpha)$ 和 $T(\beta)$ 分别为 $\alpha$ 和 $\beta$ 的几何排序指标值,则若 $T(\alpha)>T(\beta)$,则称 $\alpha$ 优于 $\beta$,记为 $\alpha>\beta$;若 $T(\alpha)<T(\beta)$,则称 $\alpha$ 劣于 $\beta$,记为 $\alpha<\beta$;若 $T(\alpha)=T(\beta)$,则称 $\alpha$ 等同于 $\beta$,记为 $\alpha\sim\beta$.

**定理 3.3**　设 $\alpha=(\mu_\alpha,\nu_\alpha)$ 和 $\beta=(\mu_\beta,\nu_\beta)$ 为两个直觉模糊数,若 $\mu_\alpha\geqslant\mu_\beta$,$\nu_\alpha\leqslant\nu_\beta$,则 $T(\alpha)\geqslant T(\beta)$.

证明:设 $\alpha=(\mu,\nu)$ 是一个直觉模糊数,由定理 3.2 知其几何排序指标是关于隶属度 $\mu$ 和非隶属度 $\nu$ 的函数,表达式为 $T(\mu,\nu)=\frac{\mu^2+2\mu+2\nu}{2+2\nu^2}-\frac{1}{2}\mu-\nu$,其中 $\mu\in[0,1]$,$\nu\in[0,1]$,且 $\mu+\nu$

$\leqslant 1$,分别对$\mu$和$\nu$求偏导,得到$\frac{\partial T(\mu,\nu)}{\partial\mu}=\frac{2\mu+1-\nu^2}{2+2\nu^2}\geqslant 0$,$\frac{\partial T(\mu,\nu)}{\partial\nu}=\frac{-\nu^2-\nu(\mu^2+2\mu+2\nu)-\nu^4}{(1+\nu^2)^2}\leqslant 0$. 由此可知几何排序指标$T(\mu,\nu)$关于$\mu$是递增的,关于$\nu$是递减的,证毕.

**定理3.4** 设$\alpha=(\mu,0)$是一个直觉模糊数,其中$0\leqslant\mu\leqslant 1$. 则有$T(\mu,0)\leqslant T(1,0)$.

证明:由式(2)得$T(\mu,0)=\frac{\mu^2+\mu}{2}$,而$\frac{\partial T(\mu,0)}{\partial\mu}=\frac{2\mu+1}{2}>0$,所以$T(\mu,0)$关于$\mu$是递增的.

**定理3.5** 设$\alpha=(\mu,\nu)$是一个直觉模糊数,$\beta=(\mu_0,0)$,其中$0\leqslant\mu\leqslant\mu_0$,$0\leqslant\mu_0\leqslant 1$,$\nu=\mu_0-\mu$,则有$T(\alpha)\leqslant T(\beta)$.

证明:由式(2)对$\mu$求偏导得:$\frac{\partial T(\alpha)}{\partial\mu}=\frac{\mu(1+(\mu_0-\mu)^2)+(\mu^2+2\mu_0)(\mu_0-\mu)}{[1+(\mu_0-\mu)^2]^2}+\frac{1}{2}>0$,

所以$T(\alpha)$在$[0,\mu_0]$上是单调递增的,即$T_{\max}(\alpha)=T(\mu_0,0)=T(\beta)$,所以$T(\alpha)\leqslant T(\beta)$.

### 3.3 算例分析

在下面的几对直觉模糊数中,分别利用评分函数$S_G=2\mu_\alpha+\nu_\alpha-1$,$S_J=\frac{3\mu_\alpha-\nu_\alpha-1}{2}$,$S_W=\frac{\mu_\alpha}{2}+\frac{3(1-\pi_\alpha)}{2}-1$,$S_Z=\mu_\alpha(1+\pi_\alpha)-\pi_\alpha{}^2$,$S_\alpha=\mu_\alpha-\nu_\alpha$[3,5-7,,14]排序时,因得结果相同而无法进行排序或排序后与实际情况相反,而用本文排序法排序结果如表1所示:

表1 排序结果

| | | | | | |
|---|---|---|---|---|---|
| 直觉模糊数 | $\alpha_1=(0.3,0.5)$ | $\alpha_3=(0.3,0.6)$ | $\alpha_5=(0.3,0.2)$ | $\alpha_7=(0.3,0.6)$ | $\alpha_9=(0.9,0.1)$ |
| | $\alpha_2=(0.4,0.2)$ | $\alpha_4=(0.2,0.3)$ | $\alpha_6=(0.15,0.4)$ | $\alpha_8=(0.3,0.5)$ | $\alpha_{10}=(0.8,0)$ |
| $T(\alpha_i)$ | $T(\alpha_1)=0.026$ | $T(\alpha_3)=-0.055$ | $T(\alpha_5)=0.174$ | $T(\alpha_7)=-0.055$ | $T(\alpha_9)=0.841$ |
| | $T(\alpha_2)=0.254$ | $T(\alpha_4)=0.077$ | $T(\alpha_6)=0.009$ | $T(\alpha_8)=0.026$ | $T(\alpha_{10})=0.720$ |
| 排序 | $\alpha_1<\alpha_2$ | $\alpha_3<\alpha_4$ | $\alpha_5>\alpha_6$ | $\alpha_7<\alpha_8$ | $\alpha_9>\alpha_{10}$ |

上述结果表明,文献[3,6-7,12]评分函数计算结果相同无法区分的直觉模糊数,利用本文所提出的排序方法可以得到合理的排序结果. 由文献[5]得$\alpha_1>\alpha_2$,与实际情况相反,而利用本文的排序方法的排序结果为$\alpha_1<\alpha_2$,符合实际情况.

## 4 结束语

本文从直觉模糊集的空间几何描述出发,通过分析直觉模糊数的二维几何特征,构造了一种直觉模糊数的几何排序指标,给出相应的排序方法,并通过讨论其性质证明了该指标的有效性和合理性,最后通过算例与其他排序法比较说明了该几何指标排序方法的优越性.

## 参考文献

[1] ZADEH L A. Fuzzy sets[J]. Information and Control,1965(8):338-353.
[2] ATANASSOV K. Intuitionistic fuzzy sets[J]. Fuzzy Sets and Systems,1986,20(1):87-96.
[3] CHEN S M,TAN J M. Handling multi-criteria fuzzy decision-making problems based on

vague set theory[J]. Fuzzy Sets and Systems,1994,67(2):163-172.

[4] HONG D H,CHOI C H. Multi-criteria fuzzy decision-making problems based on vague set theory[J]. Fuzzy Setsand Systems,2000,114(1):103-113.

[5] LIN L G,XU L Z,WANG J Y. Multi-criteria fusion decision-making method based on vague set[J]. Computer Engineering,2005,31:11-13.

[6] WANG J,ZhANG J,LIU S Y. A new score function for fuzzy MCDM based on vague set theory[J]. Internationnal Journal of Computational Cognition,2006,4:44-48.

[7] LIN L,YUAN X H,XIA Z Q. Multicriteria fuzzy decision-making methods based on intuitionistic fuzzy sets[J]. Journal of Computer and System Sciences,2007,73:84-88.

[8] ATANASSOV K,PASI Q,YAGER R. Intuitionistic fuzzy interpretations of multi-criteria multi-person and multi-measurement tool decision making[J]. International Journal of System Science,2005,36(14):859-868.

[9] 刘华文. 多目标模糊决策的 Vague 集方法[J]. 系统工程理论与实践,2004,24(5):103-109.

[10] 林志贵,徐立中,王建颖. 基于 Vague 集的多目标模糊决策方法[J]. 计算机工程,2005,5:11-13.

[11] 周晓光,谭春桥,张强. 基于 Vague 集的决策理论与方法[M]. 北京:科学出版社,2009.

[12] YE J. Using an improved measure function of vague sets for multicriteria fuzzydecision-making[J]. Expert Systems with Applications,2010,37:4706-4709.

# Sierpinski 垫片的 Hausdorff 测度的上界估计

李春泉[1,2],张建军[2],王春勇[3]

(1. 电子科技大学 数学科学学院,四川 成都 611731;

2. 西南石油大学 理学院,四川 成都 610500;

3. 湖南大学 数学与计量经济学院,湖南 长沙 410082)

**摘 要**:利用对称性改造覆盖序列,得到了 Sierpinski 垫片的 Hausdorff 测度的较好的上界估计.

**关键词**:Sierpinski 垫片;Hausdorff 测度;Hausdorff 维数;覆盖序列

**中图分类号**:O174.12　　**文献标志码**:A

# Upper Bound Estimate on Hausdorff Measure of the Sierpinski Gasket

LI Chunquan[1], ZHANG Jianjun[2], WANG Chunyong[3]

(1. School of Mathematics Science, University of Electronic Science and Technology of China, Chengdu 611731;

2. School of Sciences, Southwest Petroleum University, Chengdu 610500;

3. School of Mathematics and Econometrics, Hunan University, Changsha 410082)

**Abstract**: Covering sequences is transformed by utilizing symmetry, then better upper bound estimate on Hausdorff measure of Sierpinski gasket is obtained.

**Keywords**: sierpinski gasket; Hausdorff measure; Hausdorff dimension; covering sequences

Hausdorff 测度和 Hausdorff 维数是分形几何理论中的最基本的概念,然而要计算一个分形集的 Hausdorff 测度和 Hausdorff 维数却十分困难,尤其是计算分形集的 Hausdorff 测度. Sierpinski 垫片是最为简单的分形集之一,但是它的 Hausdorff 测度仍然不为我们所知. 文献

---

**基金项目**:西南石油大学校级自然科学基金(2012XJZ030);四川省教育厅 2011 年重点科研项目资助(10ZA073)

**作者简介**:李春泉,男,博士研究生。

[2]中周作领教授首先构造Sierpinski垫片的一个有限覆盖序列,再经过适当改造,得到它的另一个覆盖序列,这个覆盖序列给出它的Hausdorff测度的上限的一个递降序列.这个递降序列的极限也是Sierpinski垫片的Hausdorff测度的上限:

$H^s(S)\leqslant\frac{22}{25}\left(\frac{6}{7}\right)^s\approx 0.8900$. 文献[1]中李浩通过构造特殊覆盖序列也得到了它的上限的一个序列:$f(k,n)=(2^{2k+6}-2^{k+7}+67)^{\frac{s}{2}}/\left(3^{k+3}-\frac{1480}{3^3}-\frac{1}{3^{n-2}}\right)$.

本文改进了文献[1]中的覆盖,得到了Sierpinski垫片的Hausdorff测度的另一个上限序列:$g(k)=(2^{2k+6}-2^{k+7}+67)^{\frac{s}{2}}/\left(3^{k+3}-\frac{1480}{3^3}\right)$,这个序列与$n$无关.

## 1 Sierpinski垫片的构造

令$S_0$表示平面上的单位正三角形面构成的集合.连接$S_0$三边中点,得4个边长为1/2的小正三角形,去掉中间的一个,剩余的部分构成的集合记为$S_1$.对$S_1$的每个正三角形重复上述操作,得到的集合记为$S_2$;把上述过程无限进行下去,得$S_0\supset S_1\supset\cdots\supset S_n\supset\cdots$,称$S=\bigcap_{n=0}^{\infty}S_n$为由$S_0$生成的Sierpinski垫片,如图1所示。

图1 Sierpinski垫片的构造

易知$S$的Hausdorff维数为[3] $S=\dim_H(S)=\log_2 3$.

当$n\geqslant 0$时,$S_n$由$3^n$个边长为$\frac{1}{2^n}$的正三角形$\Delta_n$构成,它们称为$S_n$的$n$阶基本三角形,由$\Delta_n$生成与$S$有相似比为$\frac{1}{2^n}$的相似集合,记作$\frac{1}{2^n}-S$(简记$\frac{S}{2^n}$).$\Delta_n\cap S=\frac{S}{2^n}$.$\Delta_n$的中线将它分成两个全等直角三角形,记为$D_n$,容易看到$D_n\cap S$与$D_0\cap S$相似比为$\frac{1}{2^n}$.

## 2 几个引理和命题

根据文献[4]、文献[1]及文献[5],有以下几个引理:

**引理2.1** $H^s(\frac{S}{2^n})=\frac{1}{3^n}H^s(S)$.

**引理2.2** $H^s(S)\leqslant\sum_{l=0}^{\infty}|U_l|^s$,其中$U=\{U_l:l\geqslant 0\}$为$S$的$\delta$覆盖.

**引理2.3** $H^s(S)=\sum_{l=0}^{\infty}|U_l|^s+\varepsilon_U$,$\varepsilon_U$为误差,可选择$U$使得$|\varepsilon_U|$充分小.

**引理 2.4**（Hausdorff 测度次可数可加性的推广）若 $A=B\cup C$，且 $H^s(B\cap C)=0$，则 $H^s(A)=H^s(B)+H^s(C)$.

**引理 2.5** $H^s(D_n\cap S)=\frac{1}{2}H^s(\frac{S}{2^n})=\frac{1}{2}\times\frac{1}{3^n}H^s(S)$，$\forall n\in N$. 设 $\delta>0$ 且 $U=\{U_l:l\geqslant 0\}$ 是 $S$ 的一个 $\delta$ 覆盖. 又记 $\varepsilon_U\in R$，使得 $H^s(S)=\sum\limits_{l=0}^{\infty}|U_l|^s+\varepsilon_U$，$\varepsilon_U$ 称为用 $U$ 估计 $H^s(S)$ 的误差，简称为 $U$ 的误差. 据定义，可选择 $U$，使 $|\varepsilon_U|$ 充分小.

设 $n\in N$. 把 $U$ 相似压缩，压缩后 $U_i$ 的直径为 $\frac{|U_i|}{2^n}$，得到由 $S_n$ 的基本三角形 $\triangle_n$ 生成的 $\frac{1}{2^n}$-$S$ 的一个 $\frac{1}{2^n}\delta$-覆盖，记作 $\frac{1}{2^n}$-$U$. 显然，$3^n$ 个边长为 $\frac{1}{2^n}$-$U$ 可以构成 $S$ 的一个 $\frac{1}{2^n}\delta$-覆盖，称为 $U$ 的相似压缩加细. 据文献[2]有下列两个命题成立.

**命题 1** $H^s(S)=3^n\sum\limits_{l=0}^{\infty}\left(\frac{|U_l|}{2^n}\right)^s+\varepsilon_U=\sum\limits_{l=0}^{\infty}(|U_l|)^s+\varepsilon_U.$

即 U 与其相似压缩加细有相同的误差.

**命题 2** $H^s(\frac{1}{2^n}\text{-}S)=\frac{1}{3^n}H^s(S)=\sum\limits_{l=0}^{\infty}\left(\frac{1}{2^n}|U_l|\right)^s+\frac{1}{3^n}\varepsilon_U.$

即相似压缩加细的误差分布是均匀的.

## 3 主要结果

**定理** $H^s(S)\leqslant(2^{2k+6}-2^{k+7}+67)^{\frac{s}{2}}\Big/\left(3^{k+3}-\frac{1480}{3^3}\right)s=\log_2 3.$

证明：我们通过构造特殊覆盖序列来估计 Sierpinski 垫片的上界. 如图 2 中的(a)、(b)和(c)所示. 以 $S_0$ 的三个顶点为端点，在 $S_0$ 的三边上截取长度等于 $\Delta_k$ 的边长为 $\frac{1}{2^k}$ 的 6 条线段，得到 6 个顶点为 $A_1,A_2,A_3,A_4,A_5,A_6$，然后分别再取中点 $B_1,B_2,B_3,B_4,B_5,B_6$，如图 2(a).

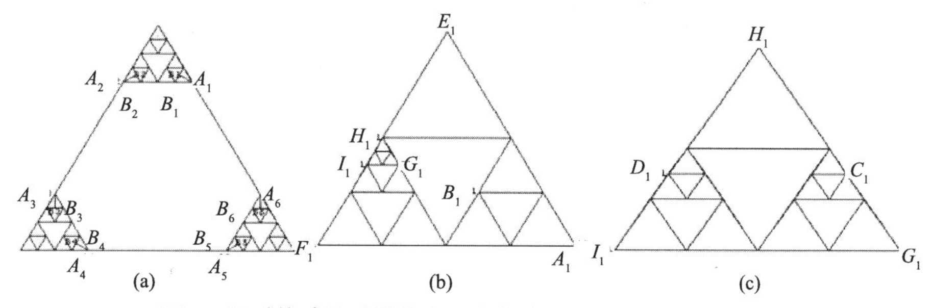


图 2 通过构造特殊覆盖序列来估计 Sierpinski 垫片的上界

将 $\triangle A_1E_1F_1$ 放大为图 2(b)，再将 $\triangle G_1H_1I_1$ 放大为图 2(c)，在图 2(c)中得到顶点 $C_1$ 和 $D_1$. 同理，对称的位置能得到顶点 $C_2,D_2,C_3,D_3,C_4,D_4,C_5,D_5,C_6,D_6$，顺次连接各顶点得到一个十八边形：$A_1B_1C_1C_2B_2A_2A_3B_3C_3C_4B_4A_4A_5B_5C_5B_6C_6A_6$，记为 $\sigma$. $\sigma$ 的直径为

$$d_k=|A_4B_1|=\sqrt{|A_1A_4|^2+|A_1B_1|^2}=\sqrt{\left(1-\frac{1}{2^k}\right)^2+\left(\frac{\sqrt{3}}{2^{k+3}}\right)^2}=\sqrt{1-\frac{1}{2^{k-1}}+\frac{67}{2^{2k+6}}}$$

易见{1 个 $\Delta_{k+2}$,1 个 $\Delta_{k+3}$,1 个 $\Delta_{k+4}$,…,1 个 $\Delta_{k+n+1}$,1 个 $D_{k+n+1}$}是集 $S\cap\triangle A_1E_1F_1$ 的一个覆盖. 集 $S\cap(S_0\backslash\sigma)$ 则可用{3 个 $\Delta_{k+1}$,6 个 $\Delta_{k+2}$,6 个 $\Delta_{k+3}$,6 个 $\Delta_{k+4}$,…,6 个 $\Delta_{k+n+1}$,6 个 $D_{k+n+1}$,6 个 $\Delta_{k+5}$,12 个 $\Delta_{k+7}$}来覆盖.

设 $U=\{U_l:l\geqslant 0\}$ 是 S 的一个覆盖. 使得 $H^s(S)=\sum_{l=0}^{\infty}|U_l|^s+\varepsilon_U$ 且 $|\varepsilon_U|$ 可以任意小,则用 $U$ 的相似压缩 $\frac{1}{2^n}$-$U$(简记为 $\frac{U}{2^n}$)可盖住由基本三角形 $\Delta_n$ 生成的与 $s$ 几何相似的集合 $\frac{S}{2^n}$,由命题 2,$H^s(\frac{S}{2^n})=\frac{1}{3^n}H^s(S)=\sum_{l=0}^{\infty}\left(\frac{1}{2^n}|U_l|\right)^s+\frac{1}{3^n}\varepsilon_U$,得到 $\sum_{l=0}^{\infty}\left(\frac{1}{2^n}|U_l|\right)^s=\frac{1}{3^n}(H^s(S)-\varepsilon_U)$.

同理,设 $V=\{V_l:l\geqslant 0\}$ 是 $D_0\cap S$ 的一个覆盖. 使得 $H^s(D_0\cap S)=\sum_{l=0}^{\infty}|V_l|^s+\varepsilon_V$ 且 $|\varepsilon_V|$ 可任意小,于是用 $V$ 的相似压缩 $\frac{1}{2^n}$-$V$(即 $\frac{V}{2^n}$)可盖住 $D_n\cap S$,由引理 2.5 及命题 2,$H^s(D_n\cap S)=\frac{1}{2}\times\frac{1}{3^n}H^s(S)=\sum_{l=0}^{\infty}\left(\frac{1}{2^n}|V_l|\right)^s+\frac{1}{3^n}\varepsilon_V$,得到

$$\sum_{l=0}^{\infty}\left(\frac{1}{2^n}|V_l|\right)^s=\frac{1}{3^n}(H^s(S)-\varepsilon_V)$$

我们用集类:$\left\{3\text{ 个}\frac{U}{2^{k+1}},6\text{ 个}\frac{U}{2^{k+2}},6\text{ 个}\frac{U}{2^{k+3}},6\text{ 个}\frac{U}{2^{k+4}},\cdots,6\text{ 个}\frac{U}{2^{k+n+1}},6\text{ 个}\frac{V}{2^{k+n+1}},6\text{ 个}\frac{U}{2^{k+5}},12\text{ 个}\frac{U}{2^{k+7}}\right\}$ 作为 $S\cap(S_0\backslash\sigma)$ 的一个覆盖. 至此得到 $S$ 的一个 $d_k$-覆盖:

$$\tau=\left\{\sigma,3\text{ 个}\frac{U}{2^{k+1}},6\text{ 个}\frac{U}{2^{k+2}},6\text{ 个}\frac{U}{2^{k+3}},6\text{ 个}\frac{U}{2^{k+4}},\cdots,6\text{ 个}\frac{U}{2^{k+n+1}},6\text{ 个}\frac{V}{2^{k+n+1}},6\text{ 个}\frac{U}{2^{k+5}},12\text{ 个}\frac{U}{2^{k+7}}\right\}.$$

由引理 2.1,2.2,2.3 可得

$$H^s(S)\leqslant\sqrt{1-\frac{1}{2^{k-1}}+\frac{67}{2^{2k+6}}}^{\,s}+3\left(\frac{1}{3^{k+1}}+\frac{2}{3^{k+2}}+\frac{2}{3^{k+3}}+\cdots+\frac{2}{3^{k+n+1}}+\frac{2}{3^{k+5}}+\frac{2}{3^{k+7}}\right)[H^s(S)-\varepsilon_U]+6\times\frac{1}{3^{k+n+1}}\left[\frac{1}{2}H^s(S)-\varepsilon_V\right],$$

由于 $|\varepsilon_U|$,$|\varepsilon_V|$ 可以任意小,于是

$$H^s(S)\leqslant\sqrt{1-\frac{1}{2^{k-1}}+\frac{67}{2^{2k+6}}}^{\,s}+3\left(\frac{1}{3^{k+1}}+\frac{2}{3^{k+2}}+\frac{2}{3^{k+3}}+\cdots+\frac{2}{3^{k+n+1}}+\frac{1}{3^{k+n+1}}+\frac{2}{3^{k+5}}+\frac{2}{3^{k+7}}\right)H^s(S),$$

$$H^s(S)\leqslant(2^{2k+6}-2^{k+7}+67)^{\frac{s}{2}}\Big/\left(3^{k+3}-\frac{1480}{3^3}\right).$$

下面,同文献[1]一样,经过初等计算,取 $k=2$,得到 $H^s(S)$ 的一个较小上界:

$$H^s(S)\leqslant(579)^{\frac{s}{2}}\Big/\left(243-\frac{1480}{27}\right)\approx 0.8218.$$

## 参考文献

[1] 李浩. 两类平面上分形集的 Hausdorff 测度[D]. 华侨大学,2005.
[2] 周作领. Sierpinski 垫片的 Hausdorff 测度[J]. 中国科学:A,1997,27(6):491-496.
[3] 周作领. 一个 Sierpinski 地毯的 Hausdorff 测度[J]. 中国科学:A,1997,29(2):138-144.
[4] 王春勇,李雄. Sierpinski 地毯的 Hausdorff 测度估计[J]. 太原师范学院学报:自然科学版,2008(1):1-3.

# 一种基于模糊时间序列的预测招生数的模型

王鸿绪[1],冯　浩[2],张福金[3]
(1.琼州学院 旅游管理学院,海南 三亚 572022;
2.琼州学院 理工学院,海南 三亚 572022;
3.琼州学院 电子信息工程学院,海南 三亚 572022)

**摘　要**:Song 和 Chisson 在 1993 年提出第一个模糊时间序列预测模型. 20 多年来已经提出许多模糊时间序列预测模型. 本文提出一种模糊时间序列预测模型. 对广西大学 1997—2012 年的入学人数进行模拟预测分析,平均预报误差率很小;能对未知年 2013 年的入学人数进行预测分析. 预报结果有一定参考价值.

**关键词**:模糊集;时间序列;预测;百分比;百分比的变化差
**中图分类号**:O159　　　　**文献标志码**:A

# A Model of Forecasting Enrollments Based on Fuzzy Time Series

WANG Hongxu[1], FENG Hao[2], ZHANG Fujin[3]
(1. College of Tourism Management, QiongZhou University, Sanya 572022, China;
2. College of Science and Engineering, Qiongzhou University, Sanya 572022, China;
3. College of Electronic Information Engineering, QiongZhou University, Sanya 572022, China)

**Abstract**: Song and Chisson proposed the first fuzzy time series forecasting model in 1993. Over the past 20 years are proposed many fuzzy time series prediction model. This paper presents a forecast model of fuzzy time series. The enrollment numbers for Guangxi University 1997 ~ 2012 years simulate and forecast analysis. The average prediction error rate is very small. For unknown 2013 year enrollment numbers have forecast and analyst. The prediction results have a certain reference value.

**基金项目**:海南省自然科学基金(612128)
**作者简介**:王鸿绪,(1946—)男,教授,研究方向:模糊信息处理,预测与决策等;冯浩,(1974—),男,副教授. 研究方向:信息处理,数据挖掘等;张福金,(1956—),男,教授,研究方向:工业控制,数据处理等。

**Keywords**: fuzzy sets; time series; prediction; percentage; change difference of percentage

## 1 引言

时序预测在经典数学中有广泛应用.许多学者应用时序预测方法,在许多领域取得累累硕果,例如文献[1-6]研究铁路客运量预测,金融预测、钢铁产能预测、事故预测、隧道围岩位移预测、汽车销量预测等诸多方面。但是,时序预测问题中往往存在不确定性,因此研究不确定性理论的模糊集理论应该有所作为.模糊集理论是 Zadeh 于 1965 年提出论文《模糊集》[7]而创立的.模糊集理论应用范围极其广泛.1993 年 Song 和 Chissom 在文献[8,9]中提出一个一阶时不变模糊时间序列预测模型,并把该模型应用于大学入学人数的预测.文献[8-19]都是研究大学入学人数的模糊时间序列预测问题的(其中文献[11]研究广西大学入学人数的预测问题,其他文献研究阿拉巴马大学入学人数的预测问题),虽然预测模型不断改进,预测精度不断提高,但是都仅进行对于历史数据的模拟预测,而缺少对于未知年的预测.文献[12,13]使用历史数据变化的百分比概念.文献[12,13,14]使用逆模糊数的概念.本文改进文献[11]的模型,应用文献[12,13]的历史数据变化的百分比作为第一个论域,同时应用历史数据变化的百分比的变化差作为第二个论域,重新建立文献[12,13,14]使用的逆模糊数公式和预测公式,由此提出一种模糊时间序列预测模型,并应用于广西大学 1997—2012 年的入学人数的预测问题研究中,进行历史数据的模拟预测;还进行对未知年 2013 年的预测研究.

## 2 基本概念

本文应用文献[2,12,13,14]等使用过的有关基本概念.

## 3 新模糊时间序列预测方法

### 3.1 整合历史数据

以广西大学入学人数问题作为预测研究的例题,广西大学 1997—2012 年的入学人数 $E_i$ 见表 1.应用下述公式计算逐年变化的百分比 $u_i$,来整合历史数据并填入表 1 中.

表 1 广西大学 1997—2012 年的入学人数百分比

| 年份 | $E_i$ | $u_i$(%) | $v_i$(%) | 年份 | $E_i$ | $u_i$(%) | $v_i$(%) |
|---|---|---|---|---|---|---|---|
| 1997 | 3336 | | | 2005 | 5218 | 0.19 | 2.24 |
| 1998 | 3403 | 2.01 | | 2006 | 5160 | -1.11 | -1.30 |
| 1999 | 4138 | 21.60 | 19.59 | 2007 | 5605 | 8.62 | 9.73 |
| 2000 | 4792 | 15.80 | -5.80 | 2008 | 5649 | 0.79 | 7.83 |
| 2001 | 4460 | -6.93 | -22.73 | 2009 | 5705 | 0.99 | 0.20 |
| 2002 | 5033 | 12.85 | 19.78 | 2010 | 5641 | -1.12 | -2.11 |
| 2003 | 5317 | 5.64 | -7.21 | 2011 | 5798 | 2.78 | 3.90 |
| 2004 | 5208 | -2.05 | -7.69 | 2012 | 5710 | -1.52 | -4.30 |

$$u_i=[(E_i-E_{i-1})/E_{i-1}]\times 100\%$$

应用下列逐年变化的百分比的变化差公式

$$v_i=u_i-u_{i-1},i=1999,\cdots,2012$$

可把广西大学 1999—2012 年的入学人数进一步整合,求出 $v_i$,如表 1 所示.

### 3.2 建立离散论域

建立逐年变化的百分比论域 $U=\{u_{1998},\cdots,u_{2012}\}$. 由于

$$v_{\max}=\max_i\{|v_i-v_{i-1}|\}=22.73,$$

取单位步长为:$\Delta_1=22.73/10=2.273$. 因此建立百分比的变化差论域如下:

$$\Delta=\{\Delta_{-10}=-22.73,\Delta_{-9}=-20.457,\Delta_{-8}=-18.184,\Delta_{-7}=-15.911,\Delta_{-6}=-13.638,$$
$$\Delta_{-5}=-11.365,\Delta_{-4}=-9.092,\Delta_{-3}=-6.819,\Delta_{-2}=-4.546,\Delta_{-1}=-2.273,$$
$$\Delta_0=0;\Delta_1=2.273,\Delta_2=4.546,\Delta_3=6.819,\Delta_4=9.092,\Delta_5=11.365,$$
$$\Delta_6=13.638,\Delta_7=15.911,\Delta_8=18.184,\Delta_9=20.457,\Delta_{10}=22.73\}$$

### 3.3 建立逆模糊数公式和预测公式

本文是在两个论域 $U$ 和 $\Delta$ 上建立预测公式的. 改造文献[12,13,14]所使用的逆模糊数公式,而提出如下的逆模糊数公式为

$$\rho_i=\frac{0.006+1}{\dfrac{0.006}{u_{i-1}}+\dfrac{1}{u_{i-1}+\Delta_j}} \tag{1}$$

预测公式为

$$F_i=E_{i-1}\times(1+\rho_i\%) \tag{2}$$

本模型的预测公式由公式(1)和公式(2)组成. 由于 $j$ 有 21 个可供选择的参数,一般对于每一年的预测值应该计算出 21 个预测值.

定义 1:在某一年的诸多预测值中最接近真实数据的预测值称为预报值

### 3.4 对于训练样本进行预测

把广西大学 1997—2012 年的入学人数作为历史模拟数据,应用式(1)和式(2)进行计算,可计算出 1999—2012 年的每年的 21 个预测值,根据定义 1,选出每年的预报值填入表 2 中. 表 2 中的平均预报误差率为 0.5071%. 预报误差率的最大值计算公式为

$$\text{EPER}=\max_i\{[|E_i-F_i|/E_i]\times 100\%\} \tag{3}$$

在本例中$\max_i\{[|E_i-F_i|/E_i]\times 100\%\}=[|E_{2006}-F_{2006}|/E_{2006}]\times 100\%=1.1434\%$

定义 2:历史数据模拟预报值中的预报误差率的最大值称为经验预报误差率(EPER)(Experience Prediction Error Rate),称公式(3)为 EPER 的计算公式.

因此,本例中的经验预报误差率(EPER)是 1.1434%. 如表 2 所示.

表 2　历史数据的模拟预报值

| 年份 | $E_i$ | $F_i$ | $\|E_i-F_i\|/E_i$ | 年份 | $E_i$ | $F_i$ | $\|E_i-F_i\|/E_i$ |
|---|---|---|---|---|---|---|---|
| 1997 | 3336 | | | **2006** | **5160** | **5099** | **0.011434** |
| 1998 | 3403 | | | 2007 | 5605 | 5593 | 0.002141 |
| 1999 | 4138 | 4124 | 0.003383 | 2008 | 5649 | 5706 | 0.010090 |
| 2000 | 4792 | 4751 | 0.008556 | 2009 | 5705 | 5694 | 0.001928 |
| 2001 | 4460 | 4457 | 0.000673 | 2010 | 5641 | 5631 | 0.001773 |
| 2002 | 5033 | 5074 | 0.008146 | 2011 | 5798 | 5839 | 0.007071 |
| 2003 | 5317 | 5338 | 0.003950 | 2012 | 5710 | 5695 | 0.002627 |
| 2004 | 5208 | 5254 | 0.008833 | 平均预报误差率(%) | | | 0.5071% |
| 2005 | 5218 | 5220 | 0.000383 | EPER | | | 1.1434% |

### 3.5　与原有模型的比较

在文献[10]中黎昌珍和李瑞岚应用基于直觉模糊时变时间序列的预测方法对于广西大学 2001—2012 年的入学人数进行预测研究,黎昌珍和李瑞岚应用文献[11]的方法对于同一问题进行预测研究,所得到的结果列于表 3 中. 把应用本文的模型所得到的预报结果也列于表 3 中,以利于比较. 从表 3 不难看出,对于广西大学入学人数的预测问题,应用本文的模型所得到的预报结果的平均预测误差率是最小的.

表 3　各种模型预测结果的比较

| 年份 | 注册数 $E_i$ | 文献[10] $k=0.2$ | 文[10] $k=0.1$ | 文献[10] $k=0.05$ | 文献[10] $k=0$ | 文献[11] | 本文的模型 |
|---|---|---|---|---|---|---|---|
| 2001 | 4460 | 4710 | 4800 | 4842 | 4883 | 4330 | 0.000673 |
| 2002 | 5033 | 4717 | 4800 | 4842 | 4883 | 4550 | 0.008146 |
| 2003 | 5317 | 5217 | 5300 | 5342 | 5383 | 4800 | 0.003950 |
| 2004 | 5208 | 5716 | 5800 | 5842 | 5883 | 4800 | 0.008833 |
| 2005 | 5218 | 5138 | 5200 | 5208 | 5217 | 5550 | 0.000383 |
| 2006 | 5160 | 5050 | 5050 | 5050 | 5050 | 5300 | 0.011434 |
| 2007 | 5605 | 5017 | 4950 | 4917 | 4883 | 5050 | 0.002141 |
| 2008 | 5649 | 5583 | 5650 | 5683 | 5717 | 5050 | 0.010090 |
| 2009 | 5705 | 5583 | 5650 | 5683 | 5717 | 5550 | 0.001928 |
| 2010 | 5641 | 5583 | 5650 | 5683 | 5717 | 5550 | 0.001773 |
| 2011 | 5798 | 5550 | 5550 | 5550 | 5050 | 5550 | 0.007071 |
| 2012 | 5710 | 5550 | 5550 | 5550 | 5050 | 5550 | 0.002627 |
| 平均预测误差率(%) | | 4.065 | 3.948 | 4.418 | 4.438 | 6.133 | 0.5071% |

### 3.6 对于对未知年2013年进行预测

我们对未知年2013年进行预测研究. 即应用式(1)和式(2),依靠2012年的入学人数预测2013年的入学人数,可计算出21个预测值,如表4所示,其中年的脚标为公式(1)中的参数$j$.

筛选:在表2中观察与2013年接近的4年的入学人数都在5641—5798之间.

假设2013年的入学人数不出现突发事件,我们可在预测数据中寻找5641—5798之间的数据,如表4中的黑体字,得到2013年入学人数的唯一的预报数据为5753.

假设2013年出现对于入学人数的重大利好信息,则可选择预报值为5887.

假设2013年出现对于入学人数的重大利空信息,则可选择预报值为5623.

表4 未知年2013年的预测值

| 年份 | $F_i$ | 年份 | $F_i$ | 年份 | $F_i$ | 年份 | $F_i$ |
|---|---|---|---|---|---|---|---|
| $2013_{-10}$ | 4439 | $2013_{-4}$ | 5125 | $2013_2$ | 5887 | $2013_8$ | 6729 |
| $2013_{-9}$ | 4548 | $2013_{-3}$ | 5246 | $2013_3$ | 6021 | $2013_9$ | 6886 |
| $2013_{-8}$ | 4660 | $2013_{-2}$ | 5370 | $2013_4$ | 6158 | $2013_{10}$ | 7040 |
| $2013_{-7}$ | 4928 | $2013_{-1}$ | 5495 | $2013_5$ | 6298 | EPER | 1.1434% |
| $2013_{-6}$ | 4888 | $2013_0$ | 5623 | $2013_6$ | 6441 | | |
| $2013_{-5}$ | 5006 | $\mathbf{2013_1}$ | **5753** | $2013_7$ | 6586 | | |

注:①经验规则:当可以确定未知年的唯一一个预报值时,预报误差率不大于EPER(经验预测误差率).(该规则是经验的,是一种估计,并不具有约束力).②年份的脚标为公式(1)中的参数$j$.

## 4 结束语

我们应用数据挖掘的思想提出一种模糊时间序列预测模型,应用该模型对于广西大学入学人数的预测问题所得到的预报结果和现有方法比是最好的. 而且该模型步骤简洁,计算方便,不仅可进行历史数据的模拟预测,还可进行对于未知年的预测. 经验规则提供一个不具约束力的预报误差的一种估计. 预报结果有一定参考价值. 本文提出的模型为入学人数的预测问题提供一种短期预测方法. 但是本模型可能应用到文献[1-6]所研究的诸领域及更多领域.

## 参考文献

[1] 夏国恩,曾绍华,金炜东. 支持向量机在铁路客运量时间序列预测中的应用[J]. 计算机应用研究,2006(10):180-182.

[2] 张拥华,曾凡仔. 基于混合核支持向量机的金融时间序列预测[J]. 计算机工程与应用,2008,44(19):220-222.

[3] 薄洪光,张书冉,刘晓冰,等. 支持钢铁企业产能时序预测的数据同化方法[J]. 计算机集成制造系统,2011,17(6):1298-1307.

[4] 甘旭升,端木京顺,高建国,等. 基于ARIMA模型的航空装备事故时序预测[J]. 中国安

全科学学报,2012,22(3):97-102.

[5] 杨月英,马萍.基于灰色时间序列预测中国汽车销量[J].湖州职业技术学院学报,2012(1):5-7,11.

[6] 马家超,朱珍德,朱姝,等.基于小波分析以及 ε-SVR 的隧道围岩位移时序预测[J].水利建筑工程学报,2013,11(2):90-94.

[7] ZADEH L A. Fuzzy sets[J]. Information and Control,1965(8):338-353.

[8] SONG Q,CHISSOM B S. Forecasting enrollments with fuzzy time series:part 1[J]. Fuzzy Sets and Systems,1993,54:1-9.

[9] SONG Q,CHISSOM B S. Fuzzy time series and its models[J]. Fuzzy Sets and Systems,1993,54:169-277.

[10] 黎昌珍,李瑞岚.基于直觉模糊时变时间序列的预测方法[J].系统工程,2013,231(3):100-104.

[11] SONG Q,CHISSOM B S. Forecasting enrollments with fuzzy time series: part 2[J]. Fuzzy Set and Systems,1994,62:1-8.

[12] STEVENSON M,PORTER J. Fuzzy time series forecasting using percentage change as the universe of discourse[J]. Proceedings of World Academy of Science,Engineering and Technology,2009(55):154-157.

[13] SAXENA P,SHARMA K,Easos S. Forecasting enrollments based on fuzzy time series with higher forecast accuracy rate[J]. Int. J. Computer Technology & Applications,2012,3(3):957-961.

[14] JILANI T A,BURNEY S M A,ARDIL C. Fuzzy metric approach for fuzzy time series forecasting based on frequency density based partitioning[J]. Proceedings of World Academy of Science,Engineering and Technology,2007(34):1-6.

[15] CHEN S M. Forecasting enrollments based on high-order fuzzy time series[J]. Cybernetics and Systems:An International Journal,2002(33):1-16.

[16] HUANG K. Heuristic models of time series for forecasting[J]. Fuzzy Sets and Systems,2001(123):369-386.

[17] HWANG J R,CHEN S M,LEE C H. Handling forecasting problems using fuzzy time series[J]. Fuzzy Sets and Systems,1998(100):217-228.

[18] CHEN S M. Forecasting enrollments based on fuzzy time series[J]. Fuzzy Sets and Systems,1996(81):311-319.

[19] JILANI T A,BURNEY S M A,Ardil C. Multivariate high order fuzzy time series forecasting for car road accidents[J]. International Journal of Computational Intelligence,2007,4(1):15-20.

# 油田井况分级的多元模糊模式识别方法

张建兵，吕祥鸿
（西安石油大学，陕西 西安 710065）

**摘　要**：根据油田油、套管服役井眼环境的苛刻程度，将油气井划分为不同的级别，这将有利于油气井的技术管理.文章给出了基于模糊模式识别的油田井况分级方法，该方法综合考虑影响油、套管安全性的力学与环境腐蚀因素，建立了油气井井况分级的多元模糊模式识别模型，并给出了油田的实际应用例子，认识到应用模糊模式识别对油田井况进行分级是一种简便易行又科学的好方法，能促进油田油气井油、套管技术管理的科学性.

**关键词**：油田；井况；分级；模式识别

# Application of Multivariate Fuzzy Pattern Recognition in Classification of Oil and Gas Well Status

ZHANG Jianbing, LV Xianghong
(Xi'an Shiyou University, Xi'an 710065, Shaanxi China)

**Abstract**: It is beneficial to the technical management of oil and gas wells that classify the wells to different grade according to the conditions of service environment. This paper aims to carry out scientific and fine management of casing and tubing, the method of classification of oil and gas well based on multivariate fuzzy pattern recognition is constructed. Mechanical and corrosion factors are considered with this method. It also shows an example of the application of this method in oilfield. This article considers that it is a convenient and scientific method of classification of oil and gas well status that using multivariate fuzzy pattern recognition model, it can promote scientific nature of technical management of casing and tubing string.

**Key words**: oilfield; oil and gas well status; classification; pattern recognition

---

**基金项目**：国家自然科学基金项目(51074126)；陕西省教育厅科技计划项目(11JK0792)

**作者简介**：张建兵(1974-)，男，陕西宝鸡人，副教授，博士，研究方向：油井管技术。

## 1 引言

石油天然气井中的套管柱和油管柱的安全服役对油气井的正常生产起着非常关键的作用,做好油气井油、套管柱的科学技术管理对井筒完整性具有至关重要的意义.目前油田在油、套管的采购、订货条件、监造、质检、油套管柱设计与现场下井作业方面对所有的井往往采用同一套作法,基本不加区别,这样造成了一些油套管服役环境苛刻的井没有得到特别的关注而发生油套管柱的安全性事故,而在一些环境不苛刻的井上又过多地浪费了决策者和技术人员的精力.

如果能针对油田各区块或各井不同的油套管服役力学与腐蚀环境特征,采用一种科学规范的方法对区块和井进行分级,然后对不同级别的井在油套管技术管理方面采取不同的管理办法,使得技术人员和管理人员将主要精力投入到那些应被重点关注的井,从而可以实现油田管理的精细化和科学化,对提高油气井油套管柱的安全性具有重要意义.目前尚未见到利用模糊模式识别方法对油气井进行分级的研究文献.有报道[1]称中石油长庆分公司对安塞油田 19 个油藏的数千口油井进行分级分类管理,但未提及分级方法.

所以,这里尝试给出一种基于多元模糊模式识别方法的油气井井况分级方法.

对油田的油气井进行分级,认为应遵从以下基本原则:

(1)便于油田实施油套管的科学与精细化管理;

(2)考虑因素全面,应兼顾力学与腐蚀环境特征;

(3)分级方法科学可行,便于油田实现计算机自动化管理.

油田不同区块的油套管服役环境特性不同,每一区块的特性又由多个因素所决定,比如井深、井筒压力、地层的稳定性、井筒温度、井筒内的腐蚀环境情况等.从油田宏观层面来说,哪个区块或者说哪口井的油套管服役环境最苛刻,如何对区块环境进行分级,并没有非常直接的手段,不能仅凭主观臆测而武断决定.

模式识别是一门新的边缘学科,它属于人工智能学科研究的内容,是随着计算机技术的发展而发展起来的.模糊模式识别是模糊集合论应用的重要方面之一,它的主要任务是模拟人的思维,对带有模糊性的客观事物进行识别和归类,其基本思想是通过计算待判别样本与模式特性之间的贴近度,择近划分样本归属.模糊模式识别方法适合于对油田的油气井井况进行分级.

## 2 多元模糊模式识别模型

设在论域 $U$ 上给定了映射[2][3][4]

$$\mu_{\underset{\sim}{A}}: U \rightarrow [0,1] \ \mu \rightarrow \mu_{\underset{\sim}{A}}(u), \tag{1}$$

则称 $\mu$ 确定了 $U$ 上的一个模糊子集,记为 $\underset{\sim}{A}$. $\mu$ 称为模糊子集 $\underset{\sim}{A}$ 的隶属度,记 $\mu_{\underset{\sim}{A}}$ 以强调是 $\underset{\sim}{A}$ 的隶属函数, $\mu_{\underset{\sim}{A}}$ 在 $u \in U$ 点处的值 $\mu_{\underset{\sim}{A}}(u)$ 称为 $u$ 对 $\underset{\sim}{A}$ 的隶属度,它表示 $u$ 属于 $\underset{\sim}{A}$ 的程度.

模糊集 $\underset{\sim}{A}$ 完全由其隶属函数所描述,即只要给定隶属函数 $\underset{\sim}{A}(u)$,那么模糊集 $\underset{\sim}{A}$ 也就完全确定了,不同的隶属函数确定着不同的模糊集.同一个论域 $U$ 上可以有多个模糊集.

对于 $\forall u \in U$ 及 $U$ 上的模糊集,一般不能说 $u$ 是否属于 $\underset{\sim}{A}$,只能说 $u$ 在多大程度上隶属

于 $\underset{\sim}{A}$,这是模糊集的基本特征.

模式识别就是把要辨别的对象与已知模式比较,确定它与哪个模式类同的过程.模糊模式识别是模糊集合论应用的重要方面之一,它主要对带有模糊性的客观事物进行识别和归类.

设有模式$\underset{\sim}{A}_i \in F(U)\ (i=1,2,\cdots,n)$,每个模式由 $m$ 个特性来描述,分别用 $x_1,x_2,\cdots,x_m$ 来表示.于是有 $n\times m$ 个表示模式不同特性的模糊集$\underset{\sim}{A}_{ij} \in F(X_j)\ (i=1,2,\cdots,n;j=1,2,\cdots m)$,又设待识别的对象 $\underset{\sim}{B} \in F(U)$ 的 $m$ 个特性模糊集为$\underset{\sim}{B}_j \in F(X_j)\ (j=1,2,\cdots,m)$.对任意的 $i \in \{1,2,\cdots,n\}$,求出

$$S_i = \min\{D(\underset{\sim}{B}_1,A_{i1}),D(\underset{\sim}{B}_2,A_{i2}),\cdots,D(\underset{\sim}{B}_m,A_{im})\}, \tag{2}$$

若 $S_{i0}=\max\{S_1,S_2,\cdots,S_n\}$,则认为待识别对象最贴近第 $i_0$ 个模式,即应归于第 $i_0$ 类.

## 3 油气井井况分级的多元模糊模式识别方法

这里结合一个例子给出油田油气井井况分级的多元模糊模式识别方法.综合考虑油田油套管服役环境的井况总体特性和管理的可操作性,将油田的井分为 4 个级别,分别相应地命名为Ⅰ级、Ⅱ级、Ⅲ级和Ⅳ级,其中Ⅳ级表示油套管服役环境相对最苛刻的情况,随着级别数字的减低,代表服役环境趋于友好.

对于各个级别的井,分别考虑下列各因素作为井分级的依据:

(1)井深;

(2)是否斜井或水平井;

(3)井底压力;

(4)井底温度;

(5)含有特殊岩性情况(比如盐岩、泥岩等);

(6)$H_2S$ 含量情况;

(7)$CO_2$含量情况;

(8)$Cl^-$ 含量情况。

这里采用多元模糊模式识别方法建立井况分级的数学模型.

在模型中分别用 $x_1,x_2,x_3,x_4,x_5,x_6,x_7,x_8$ 表示所考虑的这 8 个因素.

根据现场经验,4 个等级的井在井深、井底压力、井底温度、$H_2S$ 含量情况、$CO_2$含量情况和 $Cl^-$ 含量情况这 6 个特性上的表现均为正态模糊集.

用$\underset{\sim}{A}_{ij} \in F(U)\ (i=1,2,3,4;j=1,2,\cdots,8)$表示第 $i$ 等级的井在第 $j$ 个指标上的模糊集,其隶属函数定义为

$$\underset{\sim}{A}_{ij}(x_j) = \exp\left[\frac{-(x_j-a_{ij})^2}{\sigma_{ij}^2}\right], \tag{3}$$

其中 $a_{ij},\sigma_{ij}(i=1,2,3,4;j=1,2,\cdots,8)$ 为正态分布模型参数,可由经验得到,它们的值见表 1.这些值可以根据油田的统计数据进行进一步完善修正,使得模型的结果更加准确.

**表 1　油气井井的级别识别参数值**

| 分级＼级别<br>因素 | Ⅰ级 | | Ⅱ级 | | Ⅲ级 | | Ⅳ级 | | 待定级 | |
|---|---|---|---|---|---|---|---|---|---|---|
| | $a_{1j}$ | $\sigma_{1j}$ | $a_{2j}$ | $\sigma_{2j}$ | $a_{3j}$ | $\sigma_{3j}$ | $a_{4j}$ | $\sigma_{4j}$ | $b_j$ | $\sigma_j$ |
| 井深 | 963 | 307 | 754 | 271 | 502 | 230 | 319 | 107 | 915 | 319 |
| 井底压力 | 1309 | 675 | 1003 | 879 | 995 | 670 | 791 | 685 | 1502 | 789 |
| 井底温度 | 989 | 582 | 784 | 591 | 627 | 363 | 562 | 390 | 852 | 635 |
| $H_2S$ 情况 | 156 | 87 | 138 | 72 | 116 | 61 | 82 | 55 | 146 | 79 |
| $CO_2$ 情况 | 267 | 230 | 225 | 185 | 195 | 152 | 102 | 96 | 154 | 198 |
| $Cl^-$ 情况 | 89 | 241 | 67 | 213 | 57 | 185 | 39 | 157 | 78 | 215 |

待定等级油气井在第 $j$ 个指标上的模糊集,记为 $B_j \in F(x_j)$,其隶属函数规定为

$$\underset{\sim}{B}_j = \exp\left[\frac{-(x_j - a_{ij})^2}{\sigma_{ij}^2}\right], \tag{4}$$

其中 $b_j, \sigma_j (j=1,2,3,4)$ 的值见表 1.

各等级的井对于是否为斜井的隶属函数为

$$\underset{\sim}{A}_i(x) = \begin{cases} 1 & \text{当 } x \text{ 取值为井为斜井} \\ 0 & \text{当 } x \text{ 取值为井为直井} \end{cases} \tag{5}$$

各等级的井对于是否含有特殊岩性的隶属函数为:

$$\underset{\sim}{A}_i(x) = \begin{cases} 1 & \text{当 } x \text{ 取值为井含有特殊岩性} \\ 0 & \text{当 } x \text{ 取值为井不包含特殊岩性} \end{cases} \tag{6}$$

接下来计算各贴近度:

$$\underset{\sim}{A}_{ij}(x_j) = \exp\left[\frac{-(x_j - a_{ij})^2}{\sigma_{ij}^2}\right], \tag{7}$$

$$\underset{\sim}{B}_j(x_j) = \exp\left[\frac{-(x_j - b_j)^2}{\sigma_j^2}\right], \tag{8}$$

有

$$D_g(\underset{\sim}{A}_{ij}, \underset{\sim}{B}_j) = \exp\left[\frac{-(a_{ij} - b_j)^2}{(\sigma_{ij} + \sigma_j)^2}\right] \tag{9}$$

从而可近似取

$$D_g(\underset{\sim}{A}_{ij}, \underset{\sim}{B}_j) = \begin{cases} 1 - \dfrac{c_j\ (a_{ij} - b_j)^2}{(\sigma_{ij} + \sigma_j)^2}, & |a_{ij} - b_j| \leqslant \sigma_{ij} + \sigma_j \\ 0, & |a_{ij} - b_j| > \sigma_{ij} + \sigma_j \end{cases}, \tag{10}$$

其中 $c_j (j=1,2,\cdots,8)$ 是适当选取的正常数.

若取 $c_1 = 10^{-4}, c_2 = 10^{-4}, c_3 = 10^{-4}, c_4 = 10^{-4}$,计算

$$s_j = \bigwedge_{i=1}^{4} \{D_g(\underset{\sim}{A}_{ij}, B_j)\ (j=1,2,3,4)\}, \tag{11}$$

对于这里假设要进行等级划分的井的数据,可以计算得到

$$s_1=0.15179,s_2=0.19601,s_3=0.18031,s_4=0.17201$$

因为$\bigvee_{j=1}^{4}\{s_j\}=0.15179=s_1$,所以该井的等级定为Ⅰ级.

上面即为采用多元模糊模式识别方法对井进行井况等级划分的方法,可以看出,应用这种方法可以很科学地对油田的井进行级别划分,且该方法数学模型清晰明了,很容易就可以编制成计算机软件,便于油田应用.

在井况分级的基础上,油田可以对不同级别的井在油套管采购质量控制、油套管柱设计及后期管理方面采取有所区别的对待方法,技术专家和决策者重点关注级别高的服役环境苛刻的井,这样做提升了管理的科学化和精细化水平,更有利于提高井筒的安全性.

## 4 结论与建议

(1)对油田的井况进行分级、对油套管进行科学精细化管理是有必要且可行的,油田应多采用科学管理方法提升企业管理水平.

(2)采用多元模糊模式识别方法对油田的井况进行分级是一种好方法,该方法科学简便,易于油田操作.

## 参考文献

[1] 王琼. 安塞油田分级分类管理单井增产[N]. 中国石油报,2014-05-16.
[2] 肖辞源. 工程模糊系统[M]. 北京:科学出版社,2005.
[3] 李安贵,张志宏,孟艳,等. 模糊数学及其应用[M]. 北京:冶金工业出版社,2005.
[4] 冯宝成. 模糊数学应用集粹[M]. 北京:中国建筑工业出版社,1991.

# 一种基于模糊划分系数的抑制式模糊C-均值聚类参数选择算法

李　晶[1,2]，范九伦[2]

（1. 西安电子科技大学 电子工程学院，陕西 西安 710071；
2. 西安邮电大学 通信与信息工程学院，陕西 西安 710121）

**摘　要**：抑制式模糊C-均值聚类算法（S-FCM）既结合了硬C-均值聚类算法的高速运行速度的优势，而又同时保持了模糊C-均值聚类算法良好的分类正确率. Hung提出了修正的S-FCM，称为MS-FCM，MS-FCM聚类算法通过原型驱动学习的思想选取抑制率参数$\alpha$，并成功运用在MRI图像分割上面. 本文提出一种基于模糊划分系数的抑制式模糊C-均值聚类参数选择算法，实验表明了该算法的有效性.

**关键词**：FCM聚类算法；S-FCM聚类算法；MS-FCM聚类算法；抑制率

**中图分类号**：TP391.4　　　**文献标志码**：A

# Parameter Selection for Suppressed Fuzzy C-means Clustering Algorithm Based on Fuzzy Partition Coefficient

LI Jing[1,2], FAN Jiulun[2]

(1. School of Electronic Engineering, Xidian University, Xi'an 710071 Shaanxi, China;)
(2. School of Communication and Information Engineering, Xi'an University of Posts and Telecommunications, Xi'an 710121, Shaanxi, China)

**Abstract**: Suppressed fuzzy c-means (S-FCM) clustering algorithm can combining the advantages of the higher speed of hard c-means clustering algorithm and the better classification performance of fuzzy c-means clustering algorithm. Huang et. al proposed a modified S-FCM, named as MS-FCM, to determine the parameter $\alpha$ with type-driven learning. $\alpha$ is updated each iteration and successful used in MRI segmentation. In this

---

**基金项目**：国家自然科学基金项目（61340040）

**作者简介**：李晶（1983—），男，工程师；范九伦，男，教授。

paper, we give another method to select the parameter $\alpha$ based on the fuzzy partition coefficient. Numerical examples will show the effectiveness of the proposed algorithm.

**Keywords**: FCM clustering algorithm; S-FCM clustering algorithm; MS-FCM clustering algorithm; suppressed rate.

## 1 引言

在众多的聚类算法中,经典的并被经常使用的模糊 C-均值聚类(FCM)算法成功应用于模式识别及图像处理的各个领域[1]. 隶属函数的引入使得目标函数可表示的内容更为宽泛,模糊 C-均值聚类相比硬 C-均值聚类的视野更为宽泛、内容更为丰富,但模糊 C-均值聚类的一个不容忽视的缺点是运行速度远比硬 C-均值聚类慢得多,使其应用于大数据分析和高位数据面临诸多困难. 为了提高模糊 C-均值聚类的运行速度,研究者们也做了各种各样的努力. 为了给出一种能体现硬 C-均值聚类和模糊 C-均值聚类各自优点且分类性能良好的算法,我们提出了抑制式模糊 C-均值聚类(S-FCM)算法[2],该算法在数据分类时引入"抑制式竞争学习"机制,通过对每个样本的最大隶属度进行奖励的同时抑制其他隶属度的方式,在运行速度和分类性能两个方面均比模糊 C-均值聚类算法有显著提高,抑制式模糊 C-均值聚类算法被许多研究者所关注[3-10],它的核心步骤就是对于抑制率 $\alpha$ 的选择问题.

从实际的聚类效果来看,选择一个合适的抑制率 $\alpha$ 是抑制式模糊 C-均值聚类算法的关键问题,如果抑制率参数选择不恰当的话,抑制式模糊 C-均值聚类算法的性能将会大打折扣. 选择一个合适的抑制率参数 $\alpha$ 既可以保证算法保持 HCM 聚类算法的收敛速度,同时又能继承 FCM 聚类算法的分类正确率. 台湾学者 Hung 对抑制率 $\alpha$ 进行了深刻研究,他们基于原型驱动学习的思想给出抑制率 $\alpha$ 的指数型选择公式,称作 MS-FCM,并在 MRI 图像分割上取得较好的应用[6]. 此外,人们还提出了一些抑制率 $\alpha$ 的其他选择方法,如台湾学者给出柯西型选择公式、韩国学者给出含有模糊因子 $m$ 的指数型选择公式、国内学者给出采用模糊偏差的指数型选择公式、孟加拉国学者引入清晰度来选取更为细致的抑制率[3-5,7-10].

本文从模糊划分系数的角度考虑抑制式模糊 C-均值聚类算法中抑制率参数选取问题,使得抑制率 $\alpha$ 的选取是通过计算模糊划分系数而不是 MS-FCM 的指数划分形式来实现的.

本文第 2 节和第 3 节介绍了模糊 C-均值聚类算法和抑制式模糊 C-均值聚类算法,第 4 节提出了基于模糊划分系数的抑制式模糊 C-均值聚类算法,并在第 5 节对算法进行了一系列实验分析,验证了算法的有效性. 最后总结了基于模糊划分系数的参数选取方法.

## 2 模糊 C-均值聚类算法

传统的模糊 C-均值聚类算法是基于二次函数目标最小化原则将数据集 $x_j$ 划分为 $c$ 类. 目标函数定义为

$$J_{\mathrm{FCM}}=\sum_{i=1}^{c}\sum_{j=1}^{n}u_{ij}^{m}\parallel x_j-v_i\parallel^2=\sum_{i=1}^{c}\sum_{j=1}^{n}u_{ij}^{m}d_{ij}^{\ 2}, \tag{1}$$

其中 $x_j$代表输入数据($j=1,\cdots,n$),$v_i$代表聚类中心($i=1,\cdots,c$),$u_{ij}\in[0,1]$为模糊隶属度函

数,$m>1$ 是模糊因子系数,$d_{ij}$代表向量 $x_j$和聚类中心 $v_i$ 之间的距离. 其中:

$$\sum_{i=1}^{c} u_{ij}=1 \tag{2}$$

最小化目标函数 $J_{FCM}$根据拉格朗日乘数法可得两个优化迭代公式如下:

$$u_{ij}=\frac{d_{ij}^{\frac{-2}{m-1}}}{\sum_{k=1}^{c} d_{kj}^{\frac{-2}{m-1}}} \quad (i=1,\cdots,c;j=1,\cdots,n), \tag{3}$$

$$v_i=\frac{\sum_{j=1}^{n} u_{ij}^{m} x_j}{\sum_{j=1}^{n} u_{ij}^{m}} \quad (i=1,\cdots,c) \tag{4}$$

算法收敛条件为:在第 $k$ 次迭代下,使得聚类中心的 $\| v^{k+1}-v^k \|$ 小于最小阈值 $\varepsilon$,算法最大迭代次数 $T$.

FCM 算法的具体步骤为:

步骤 1:设置 $m>1$,$1<c<n$,随机初始化 $c$ 个聚类中心.

步骤 2:迭代 $U=\{u_{ij}\}$ 通过公式(3).

步骤 3:迭代 $V=\{v_i\}$ 通过公式(4),直至收敛.

## 3　抑制式模糊 C-均值聚类算法

基于既能提高 FCM 的收敛速度,又同时能够保持比较好的分类正确率,Fan 提出了抑制式模糊 C-均值聚类算法[2]. 算法根据数学规划迭代法则修正 FCM 算法,通过在式(3)和式(4)之间插入一个额外的计算步骤来实现. 对于向量 $x_j$,假如 $x_j$ 的模糊隶属度函数属于第 $p$ 个类,是所有属于其他类中最大的,这个值被记为 $u_{pj}$. 经过修正,模糊隶属度函数变为

$$u_{ij}=\begin{cases} 1-\alpha\sum_{i\neq p} u_{ij}=1-\alpha+\alpha u_{pj}, i=p \\ \alpha u_{ij}, i\neq p \end{cases} \tag{5}$$

该算法在数据分类时引入“抑制式竞争学习”机制,通过对每个样本的最大隶属度进行奖励的同时抑制其他隶属度的方式,所有的竞争失败的模糊隶属度函数被乘上一个抑制率 $\alpha(0\leqslant\alpha\leqslant1)$,获胜的模糊隶属度函数则相应地得到一定的奖励,同时需要满足公式(2)的概率约束条件.

## 4　基于模糊划分系数的抑制式模糊 C-均值聚类参数

S-FCM 通过选择抑制率 $\alpha$ 可以增加 FCM 聚类算法的运行效率,算法的效率体现在抑制率 $\alpha$ 的选择上. S-FCM 算法的另一个优点是将硬 C-均值聚类和模糊 C-均值聚类融为一体,通过抑制率 $\alpha(0\leqslant\alpha\leqslant1)$ 的不同取值可分别得到硬 C-均值聚类和模糊 C-均值聚类,即 $\alpha=0$ 时为硬 C-均值聚类;$\alpha=1$ 时为模糊 C-均值聚类;$0<\alpha<1$ 为抑制式模糊 C-均值聚类. 为了选择合适的 $\alpha$,Hung 基于原型驱动学习的思想通过在迭代步骤中修正模糊隶属度函数,给出抑制率 $\alpha$ 的指数型选择公式,并称作 MS-FCM 聚类算法.

MS-FCM 聚类算法的核心思想是 $\alpha$ 的选择通过$\min_{i\neq k}\| v_i-v_k \|^2$ 项来实现,这一项表明了类间分离度. 假如$\min_{i\neq k}\| v_i-v_k \|^2$ 的值比较大,意味着类与类之间重合度就变小,类与类

之间越分明,因此小的 $\alpha$ 就比较适合作为 S-FCM 的参数选择,反之亦然. $\alpha$ 的选取通过原型驱动学习的思想进行定义 $\min_{i\neq k}\|v_i-v_k\|^2$. Hung[6] 提出了指数形式的选择公式:

$$\alpha=\exp\left(-\frac{1}{\beta}\min_{i\neq k}\|v_i-v_k\|^2\right),\tag{6}$$

其中 $\beta=\frac{\sum_{j=1}^{n}\|x_i-\bar{X}\|^2}{n}$ 为归一化项,定义了方差

$$\bar{X}=\frac{\sum_{j=1}^{n}x_j}{n}\tag{7}$$

为了给出一个简单的确定抑制率 $\alpha$ 的方法,我们从模糊划分系数来给出 $\alpha$ 的值.

对于输入数据集 $X=\{x_1,\ldots x_n\}$,当数据通过模糊聚类进行分类时,模糊划分系数[11]被定义为 $P(c)=\frac{1}{n}\sum_{i=1}^{c}\sum_{j=1}^{n}\mu_{ij}^2$. $P(c)$ 有如下特性:当分类为硬划分时,$P(c)=1$;当分类为最大模糊划分时,$P(c)=\frac{1}{c}$, $u_{ij}\equiv\frac{1}{c}$. 通常,$\frac{1}{c}\leqslant P(c)\leqslant 1$. 因此我们定义抑制率 $\alpha$ 为

$$\alpha=\frac{c}{c-1}\left(1-\frac{1}{n}\sum_{i=1}^{c}\sum_{j=1}^{n}\mu_{ij}^2\right)\tag{8}$$

上述公式保障了 $\alpha$ 属于[0,1]区间. 通过公式(8),可以修正 MS-FCM,并称为 MSp-FCM. MSp-FCM 算法的具体步骤如下:

步骤 1:设置 $m>1$, $1<c<n$ 随机初始化 $c$ 个聚类中心.

重复步骤 2:迭代 $U=\{u_{ij}\}$ 通过公式(3).

步骤 3:修正 $U=\{u_{ij}\}$ 通过公式(5)并通过公式(8)修正 $\alpha$.

步骤 4:修正 $V=\{v_i\}$ 通过公式(4)直到算法收敛.

## 5 实验

本节将通过一系列实验来比较 FCM, MS-FCM 和 MSp-FCM 聚类算法的性能. 实验通过人造数据集和 UCI 数据集来验证. 实验平台为: Intel 双核 3.0GHz 主频,内存 1.0G,硬盘 500GB 容量. 实验运行时间及迭代次数均在上述环境产生. 为了比较算法的性能,我们规定所有算法统计如下准则:所有算法具有相同的初始化和迭代停止条件,下面的参数也应用于上述不同的算法: $m=2$, $T=300$, $\varepsilon=1\mathrm{e}-5$.

### 5.1 实验 1:人造数据集

本节实验中,数据集 1-3 分别如图 1(a),图 1(c)和 图 1(e)所示,每个数据集包含 3 类,每个类包含 150 个数据. 数据集 1 如图 1(a)所示,有如下特性:三类 150 个数据按照符合多元正态分布产生,其均值和方差参数分别为: $\mu_1=[-10,-10]$, $\Sigma_1=\begin{bmatrix}2,0.2\\0.2,2\end{bmatrix}$, $\mu_2=[0,-1]$, $\Sigma_2=\begin{bmatrix}2,0\\0,1\end{bmatrix}$, $\mu_3=[10,-10]$, $\Sigma_3=\begin{bmatrix}3,0\\0,1\end{bmatrix}$. 移动数据中心得到数据集 2,如图 1(c)所示;进一步移动数据中心得到数据集 3,如图 1(e)所示. 将上文描述的三个聚类算法应用到数据集 1 ~3上,通过比较 MS-FCM, MSp-FCM 聚类算法. 其中如图 1(b)、图 1(d)和图 1(f)的 $X$ 轴

为算法迭代时间,$Y$ 轴为抑制率 $\alpha$ 的值.

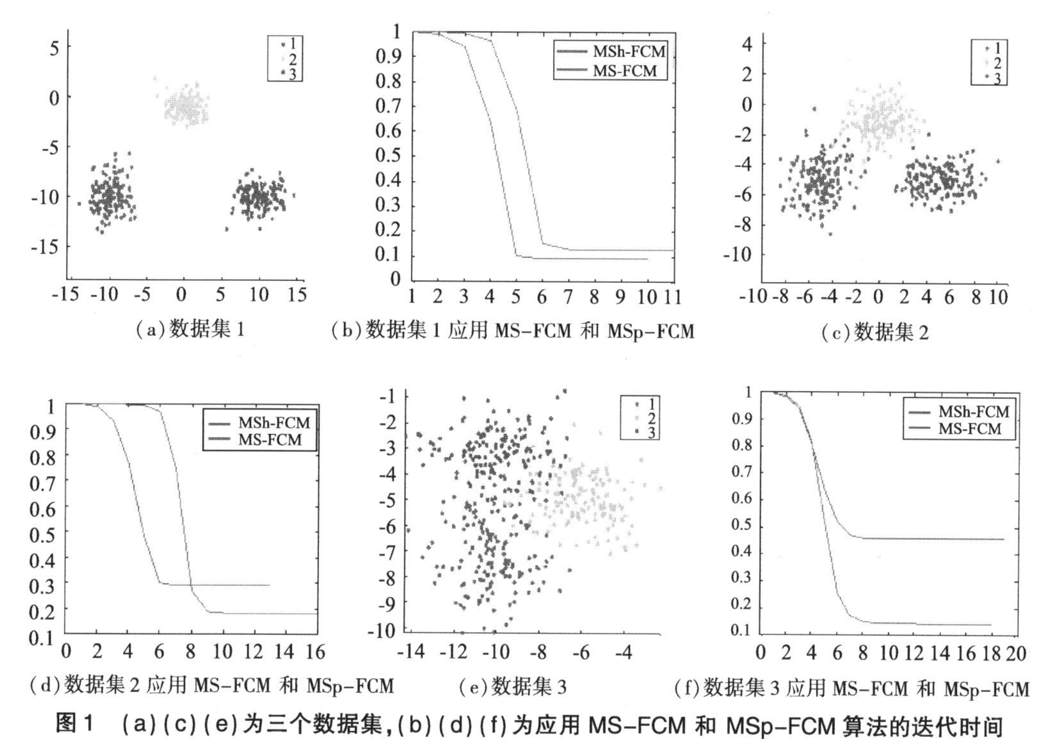


(a)数据集 1　(b)数据集 1 应用 MS-FCM 和 MSp-FCM　(c)数据集 2

(d)数据集 2 应用 MS-FCM 和 MSp-FCM　(e)数据集 3　(f)数据集 3 应用 MS-FCM 和 MSp-FCM

**图 1　(a)(c)(e)为三个数据集,(b)(d)(f)为应用 MS-FCM 和 MSp-FCM 算法的迭代时间**

在聚类分析中,其中 3 个比较重要的测试性能指标为算法的迭代时间、CPU 时间和算法分类正确率,从实验结果来看,数据集 1 是一个比较容易分开的数据,从图 1(b)来看,MSp-FCM 聚类算法的抑制率 $\alpha$ 的值最终迭代稳定在 0.1 左右.同时,如表 1 所示,MSp-FCM 算法具有最小的迭代次数和 CPU 时间.对于数据集 1,由于三个类比较容易分开,FCM,S-FCM 和 MSp-FCM 聚类算法的分类正确率都为 100%.数据集 2 为我们进一步移动数据集 1 的聚类中心得到,如图 1(d)所示,MSp-FCM 聚类算法的抑制率 $\alpha$ 的值最终迭代稳定在0.3左右,同时,从表 1 可得,对于数据集 2 而言,MSp-FCM 算法拥有最小的迭代次数、CPU 时间和最大的分类正确率.数据集 3 为我们更进一步移动数据集 1 的聚类中心得到的如图 1(e)所示,MSp-FCM 聚类算法的抑制率 $\alpha$ 的值最终迭代稳定在 0.5 左右,从表 1 可得,对于数据集 3 而言,MSp-FCM 算法拥有最小的迭代次数、CPU 时间和最大的分类正确率,性能优于 FCM,尽管 MSp-FCM 聚类算法的迭代时间和 CPU 时间 略微大于 MS-FCM,但是 MSp-FCM 的分类正确率 优于 MS-FCM.

## 5.2　实验 2:UCI 机器学习数据库

在本节实验中,我们将上述算法应用于一系列 UCI 机器学习数据集[12],分别为 Glass,Wine 和 Sonar.其中 Glass 数据包含 10 维共 214 个向量,分类数为 6;Wine 数据包含 13 维共 178 个向量,分类数为 3;Sonar 包含 60 维共 208 个向量,分类数为 2.我们将 FCM,MS-FCM,MSp-FCM 聚类算法应用到以上数据集.表 2 列出了各自算法的迭代时间、CPU 时间和分类正确率；UCI 数据应用于 MS-FCM and MSp-FCM 算法的迭代次数及抑制率 $\alpha$ 的值如图 2(a)-(c)所示，图 2(a)-(c) $X$ 轴为算法迭代时间，$Y$ 轴为抑制率 $\alpha$ 的值.

**表 1　FCM，MS-FCM，MSp-FCM 算法的计算性能**

| 标准($m=2$) | 数据集 | FCM | MS-FCM | MSp-FCM |
|---|---|---|---|---|
| 迭代次数 | 数据集 1 | 12 | 11 | 10 |
| | 数据集 2 | 21 | 16 | 13 |
| | 数据集 3 | 25 | 18 | 19 |
| CPU 时间(s) | 数据集 1 | 0.14 | 0.11 | 0.10 |
| | 数据集 2 | 0.23 | 0.16 | 0.11 |
| | 数据集 3 | 0.24 | 0.11 | 0.13 |
| 分类正确率(%) | 数据集 1 | 100 | 100 | 100 |
| | 数据集 2 | 98.67 | 98.89 | 99.56 |
| | 数据集 3 | 88.89 | 88.89 | 89.11 |

**表 2　FCM，MS-FCM，MSp-FCM 的计算性能**

| 标准 | 数据集 | FCM | MS-FCM | MSp-FCM |
|---|---|---|---|---|
| 迭代次数 | Wine | 48 | 23 | 18 |
| | Glass | 52 | 49 | 27 |
| | Sonar | 39 | 18 | 35 |
| CPU 时间(s) | Wine | 0.36 | 0.29 | 0.15 |
| | Glass | 0.33 | 0.25 | 0.12 |
| | Sonar | 0.35 | 0.15 | 0.31 |
| 分类正确率(%) | Wine | 68.54 | 70.22 | 70.22 |
| | Glass | 60.28 | 60.28 | 60.28 |
| | Sonar | 55.29 | 55.29 | 56.25 |

从图 2 和表 2 中可以看到，对于上述 UCI 机器学习数据库，首先对于 Wine 数据，MSp-FCM 聚类算法拥有最小的迭代次数和 CPU 时间，MSp-FCM 聚类算法拥有和 MS-FCM 聚类算法一样的分类正确率，而且该分类正确率要优于 FCM 聚类算法；对于 Glass 数据而言，尽管在分类正确率上两者相当，但 MSp-FCM 聚类算法拥有最小的迭代次数和 CPU 时间，而且远远小于 MS-FCM 所用的迭代次数及计算时间；对于 Sonar 数据而言，尽管 MSp-FCM 聚类算法的迭代次数和 CPU 时间比 MS-FCM 的大，但是在分类正确率上，MSp-FCM 聚类算法要优于 MS-FCM 聚类算法.

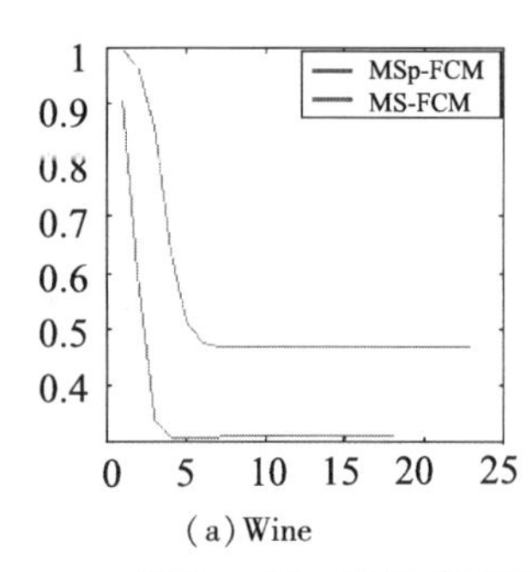

(a) Wine

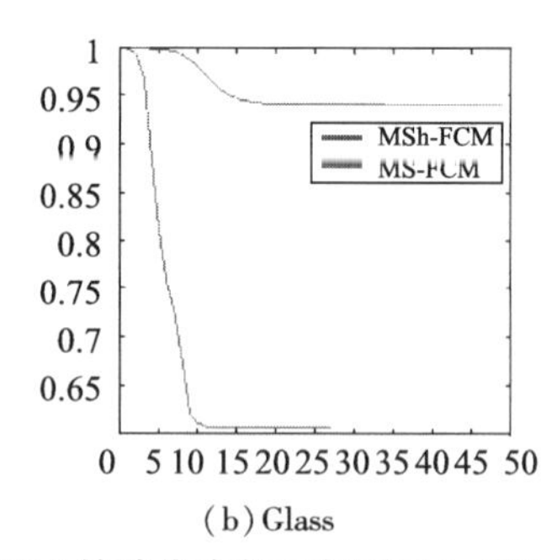

(b) Glass

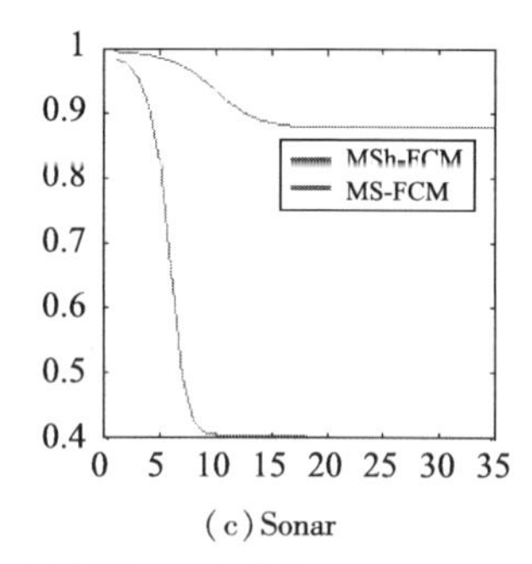

(c) Sonar

图 2　MS-FCM 和 MSp-FCM 的迭代次数函数对于(a) Wine，(b) Glass，(c) Sonar

## 6　总结

本文提出了一种基于模糊划分系数的抑制式模糊 C-均值聚类参数选择算法，称为 MSp-FCM. 实验表明 MSp-FCM 是一种有效的、能够自适应选取抑制式模糊 C-均值聚类算法中抑制率 $\alpha$ 的聚类方法.

## 参考文献

[1] BEZDEK J C, KELLER J, KRISHNAPURAM R, et al. Fuzzy models and algorithms for pattern recognition and image processing[M]. New York:Springer,1999.

[2] FAN J, ZHEN W, XIE W. Suppressed fuzzy C-means clustering algorithm [J] Pattern Recognition Letters,2003,24(9-10):1607-1612.

[3] SZILÁGYI L,SZILÁGYI S M,BENYO Z. A thorough analysis of the suppressed fuzzy C-means algorithm [J]. Progress in Pattern Recognition, Image Analysis and Applications, Lecture Notes in Computer Science,2008,5197:203-210.

[4] SZILÁGYI L, SZILÁGYI S M, BENYO Z, Analytical and numerical evaluation of the suppressed fuzzy c-means algorithm [J]. Lecture Notes in Computer Science, 2008, 5285:146-157.

[5] SZILÁGYI L, SZILÁGYI S M, BENYO Z. Analytical and numerical evaluation of the suppressed fuzzy c-means algorithm: a study on the competition in c-means clustering models[J]. Soft Comput,2010,14:495-505.

[6] HUNG W L,YANG M S,CHEN D H. Parameter selection for suppressed fuzzy C-means with an application to MRI segmentation[J]. Pattern Recognition Letters,2006,27:424-438.

[7] HUNG W L,CHANG Y C. A modified fuzzy C-means algorithm for differentiation in MRI of ophthalmology[J]. Modeling Decisions for Artificial Intelligence,Lecture Notes in Computer Science,2006,3885:340-350.

[8] NyMA A,KANG M,KWON Y K,et al. A hybrid technique for medical image segmentation [J]. Journal of Biomedicine and Biotechnology,2012(2012):1-7.

[9] LI Y, LI G. Fast fuzzy c-means clustering algorithm with spatial constraints for image segmentation[J]. Advances in Neural Network Research and Applications,Lecture Notes in Electrical Engineering,2010,67:431-438.

[10] SAAD M F,ALIMI A M. Improved modified suppressed fuzzy C-means,2nd International Conference on Image Processing Theory[J]. Tools and Applications(IPTA),2010:313-318.

[11] BEZDEK J C. Pattern Recognition with Fuzzy Objective Function Algorithms[M]. New york:Plenum Press,1981.

# 基于犹豫模糊不确定语言信息的多属性决策方法

杨　威,庞永锋,史加荣

(西安建筑科技大学 理学院,陕西 西安 710055)

**摘　要**:采用犹豫模糊不确定语言变量建模决策过程中的不确定信息,给出犹豫模糊不确定语言变量的定义和运算律.给出一个新的基于犹豫模糊不确定语言变量的多属性决策方法.如果属性的权重向量完全未知,采用极大偏差法确定属性的权重向量,如果属性的权重向量部分已知,利用极大偏差法建立数学规划模型确定.给出了基于 TOPSIS 的多属性决策方法,并通过实例说明新方法的可行性和有效性.

**关键词**:TOPSIS;多属性决策;犹豫模糊集

**中图分类号**:C934　　　　**文献标志码**:A

# New Multiple Attribute Decision Making Method Based on Hesitant Fuzzy Uncertain Linguistic Information

YANG Wei, PANG Yongfeng, SHI Jiarong

(School of Science, Xi'an University of Arch. and Tech., Xi'an 710055, Shaanxi, China)

**Abstract**: Fuzzy and uncertain information has been modeled by using hesitant fuzzy uncertain linguistic information. The definition and operation laws of hesitant fuzzy uncertain linguistic arguments have been defined. A formula has been given based on the maximum deviation to determine weight weights if the attribute weights are unknown completely and a linear programming model has been set up if the attribute weights are known partly. A new multiple attribute decision making method has been given based on TOPSIS and hesitant fuzzy uncertain linguistic information. Numerical example has been

---

**基金项目**:国家自然科学基金项目(11326204);陕西省自然科学基金项目(2014JQ1019,2014JQ8323,2014JM1010)和陕西省教育厅项目(12JK1000,2013JK0565)资助课题

**作者简介**:杨威(1979—),女,讲师,博士,研究方向:决策分析与金融优化;庞永锋(1975—),男,副教授;史加荣(1979—),男,副教授。

presented to illustrate efficiency and practical advantages of the proposed method.

**Key words**:TOPSIS;multiple attribute decision making;hesitant fuzzy set

## 1 引言

模糊性和不确定性广泛地存在于决策过程中.研究者给出多种建模不确定信息的工具,包括模糊集,直觉模糊集,区间值直觉模糊集,语言变量,不确定语言变量,犹豫模糊集等.

在决策过程中,决策者在评价方案时会采用多个值,因而 Torra 和 Narukawa [1]给出了犹豫模糊集.犹豫模糊集已经引起研究者的关注,并获得了广泛的研究.Xia 和 Xu [2]给出了犹豫模糊有序加权平均算子,Zhang [3]给出了犹豫模糊幂集结算子,Wei [4]给出了犹豫模糊优先集结算子,Zhang 和 Wei [5]给出了基于 TOPSIS 和 E-VIKOR 方法的犹豫模糊多属性决策方法.基于犹豫模糊集和区间值,Chen 等人[6]给出犹豫区间值模糊集,并定义了犹豫区间模糊集的相关系数.虽然研究者给出了多种犹豫模糊环境下的多属性决策方法,但是犹豫模糊不确定语言环境下的多属性决策方法并未获得研究.在这篇文章中,我们将犹豫模糊集推广,提出了犹豫模糊不确定语言集,研究了基于犹豫模糊不确定语言信息的多属性决策方法.

## 2 预备知识

**定义 2.1** 令 $X=\{x_1,x_2,\cdots,x_n\}$ 为一个固定的集合,$\tilde{S}=\{\tilde{s}\mid\tilde{s}=[s_\alpha,s_\beta],s_\alpha,s_\beta\in\bar{s}\}$.定义在集合 $X$ 上的犹豫模糊不确定语言集合为 $\bar{s}$ 上一个有序、有限的子集.$\tilde{A}=\{<x_i,\tilde{h}_{\tilde{A}}(x_i)>\mid x\in X,\ i=1,2,\cdots,n\}$,其中 $\tilde{h}_{\tilde{A}}(x_i):X\to p(S)$ 表示所有 $\mid x\in X$ 可能的不确定语言评价值.称 $\tilde{h}_{\tilde{A}}(x_i)$ 为犹豫模糊不确定语言变量(HFULE),其中 $\tilde{s}_i$ 为一个不确定语言变量,$p(\tilde{S})$ 为 $\tilde{S}$ 上的幂集.$H$ 为所有犹豫模糊不确定语言变量构成的集合。

**定义 2.2** 设 $\tilde{\alpha},\tilde{\beta}$ 为两个犹豫模糊不确定语言元素,$l_{\tilde{\alpha}},l_{\tilde{\beta}}$ 分别为 $\tilde{\alpha}$ 和 $\tilde{\beta}$ 中所含的不确定语言变量的个数.如果 $l_{\tilde{\alpha}}\neq l_{\tilde{\beta}}$,则可以在个数少的 HFULE 中增加不确定语言变量,直至两个数目相同.如果决策者是风险偏好的,可以增加最大的不确定语言变量,如果决策者是风险厌恶的,可以增加最小的不确定语言变量.设 $\tilde{\alpha}_{\sigma(i)}=[s\,a^L_{\sigma(i)},s\,a^U_{\sigma(i)}]$ 和 $\tilde{\beta}_{\sigma(i)}=[s\,\beta^L_{\sigma(i)},s\,\beta^U_{\sigma(i)}]$ 分别为 $\tilde{\alpha}$ 和 $\tilde{\beta}$ 中第 $i$ 大的不确定语言变量,则犹豫模糊不确定语言元素之间的距离可以定义为

$$d(\tilde{\alpha},\tilde{\beta})=\sqrt{\frac{1}{2g^2l}\sum_{i=1}^{l}\left(\left|\alpha^L_{\sigma(i)}-\beta^L_{\sigma(i)}\right|^2+\left|\alpha^U_{\sigma(i)}-\beta^U_{\sigma(i)}\right|^2\right)},$$

其中 $l$ 为语言集合中所包含的语言变量的个数.

## 3 基于犹豫模糊不确定语言信息的多属性决策方法

设有一个多属性决策问题,$\{A_1,A_2,\ldots,A_m\}$ 为方案集,$\{C_1,C_2,\ldots,C_n\}$ 为属性集.决策者

给出了方案关于属性的评价值,构成决策矩阵 $\tilde{D}=(\tilde{a}_{ij})_{m\times n}$,其中 $\tilde{a}_{ij}$ 为犹豫模糊不确定语言变量.$(w_1,w_2,\dots,w_n)$ 为属性的权重向量.如果属性的权重向量完全未知,则需要首先确定属性的权重向量.根据信息理论,如果在所有方案中某个属性具有较小的偏差值,则其在优先关系中的作用较小,因而应该被赋予较小的权重,反之,应该被赋予较大的权重.基于此思想,Wang[7]提出了极大偏差法.对于属性 $C_j$,方案 $A_i$ 与其他所有方案的偏差值为 $D_{ij}=\sum_{k=1}^{m}d(\tilde{a}_{kj}-\tilde{a}_{ij})$.所有方案关于属性 $C_j$ 的偏差值为 $D_j=\sum_{i=1}^{m}\sum_{k=1}^{m}d(\tilde{a}_{kj}-\tilde{a}_{ij})$.一个合理的权重向量应该使得评价值具有最大的偏差,因而我们建立如下的模型:

$$(M-1)\quad \max D_j=\sum_{i=1}^{m}\sum_{k=1}^{m}\sum_{j=1}^{n}w_j d(\tilde{a}_{kj}-\tilde{a}_{ij})$$

$$s.t.\ w_j\geqslant 0, j=1,2,\dots,n,\ \sum_{j=1}^{n}w_j^2=1$$

通过构造拉格朗日函数求解,可得权重为

$$w_j=\frac{\sum_{i=1}^{m}\sum_{k=1}^{m}\sqrt{\frac{1}{2g^2 l}\sum_{t=1}^{l}(|\tilde{a}_{ij}^{\sigma(t)L}-a_{kj}^{\sigma(t)L}|^2+|a_{ij}^{\sigma(t)U}-a_{kj}^{\sigma(t)U}|^2)}}{\sqrt{\sum_{j=1}^{n}(\sum_{i=1}^{m}\sum_{k=1}^{m}\sqrt{\frac{1}{2g^2 l}\sum_{t=1}^{l}(|\tilde{a}_{ij}^{\sigma(t)L}-a_{kj}^{\sigma(t)L}|^2+|a_{ij}^{\sigma(t)U}-a_{kj}^{\sigma(t)U}|^2)})}}\tag{1}$$

采用如下的方法对权重向量进行规范化处理:$w_j'=w_j/\sum_{k=1}^{m}w_j, j=1,2,\cdots,n$.

如果权重向量部分可知并表示为集合 $H$,则可以建立如下的线性规划模型:

$$(M-2)\quad \max D_j=\sum_{i=1}^{m}\sum_{k=1}^{m}\sum_{j=1}^{n}w_j d(\tilde{a}_{kj}-\tilde{a}_{ij})$$

$$s.t.\ w\in H, w_j\geqslant 0, j=1,2,\cdots,n,\ \sum_{j=1}^{n}w_j=1$$

下面给出基于极大偏差法和TOPSIS方法的犹豫模糊不确定语言多属性决策方法.

步骤1:决策专家根据自己的专业知识采用不确定语言变量给出方案相对于属性的评价值.构成决策矩阵 $\tilde{D}=(\tilde{a}_{ij})_{m\times n}$.

步骤2:如果属性的权重信息完全未知,则采用等式(1)确定权重,如果权重部分已知,则根据已知的权重信息,求解模型(M-2)获得属性的权重向量.

步骤3:确定犹豫模糊不确定语言正理想解 $\tilde{A}^+=\{<x_j|\max a_{ij}^{\sigma(\lambda)}>|j=1,2,\dots,n\}$ 和犹豫模糊不确定语言负理想解 $\tilde{A}^-=\{<x_j|\min a_{ij}^{\sigma(\lambda)}>|j=1,2,\dots,n\}$.

步骤4:计算每个方案的评价值与犹豫模糊不确定语言正、负理想解的加权距离.

步骤5:计算每个方案的相对贴近度 $C_j=d_j^-/(d_j^-+d_j^+)$.根据方案相对贴近度对方案排序.

## 4 实例分析

在地铁建设项目中,需要来自于多个领域的专家参与,如包括城市规划、土木工程、建筑工程、结构工程、金融等领域的专家.经过初步评价,还剩下五个备选方案 $A_i(i=1,2,\dots,5)$,主要考察四个属性 $C_i(i=1,2,3,4)$,采用所提出的方法对方安排续并选出最优方案,如表1所示.

步骤1:专家给出方案关于属性的评价值如表1所示.向个数少的元素中增加不确定语

言变量,直到所有的变量中有相同数目的元素.假设决策者是风险厌恶的,将最小元素添加.

**表1　最优方案选择**

| | $C_1$ | $C_2$ | $C_3$ | $C_4$ |
|---|---|---|---|---|
| A1 | $\{[s_3,s_4],[s_3,s_5],[s_5,s_6]\}$ | $\{[s_4,s_5],[s_4,s_6]\}$ | $\{[s_8,s_9]\}$ | $\{[s_3,s_5],[s_4,s_5]\}$ |
| $A_2$ | $\{[s_3,s_5],[s_4,s_6]\}$ | $\{[s_6,s_7],[s_6,s_8]\}$ | $\{[s_4,s_6]\}$ | $\{[s_7,s_8],[s_8,s_9]\}$ |
| $A_3$ | $\{[s_7,s_8],[s_8,s_9]\}$ | $\{[s_5,s_6]\}$ | $\{[s_4,s_5],[s5,s6]\}$ | $\{[s_4,s_6]\}$ |
| $A_4$ | $\{[s_3,s_4],[s_3,s_5],[s_4,s_5]\}$ | $\{[s_7,s_9],[s_8,s_9]\}$ | $\{[s_6,s_7]\}$ | $\{[s_5,s_6]\}$ |
| $ZA_5$ | $\{[s_5,s_6],[s_6,s_7]\}$ | $\{[s_4,s_5]\}$ | $\{[s_2,s_3],[s_3,s_4]\}$ | $\{[s_7,s_9],[s_8,s_9]\}$ |

步骤2:假设属性的权重向量完全未知,则采用公式(1)计算属性的权重向量为(0.2352,0.2270,0.2960,0.2418).

步骤3:计算犹豫模糊不确定语言正理想解和犹豫模糊不确定语言负理想解为

$$\tilde{A}^+=\Big\{<[s_8,s_9],[s_7,s_8],[s_7,s_8]>,<[s_8,s_9],[s_7,s_9],[s_7,s_9]>,<[s_8,s_9],[s_8,s_9],[s_8,s_9]>,<[s_8,s_9],[s_7,s_9],[s_7,s_9]>\Big\},$$

$$\tilde{A}^-=\Big\{<[s_4,s_5],[s_3,s_5],[s_3,s_4]>,<[s_4,s_5],[s_4,s_5],[s_4,s_5]>,<[s_3,s_4],[s_2,s_3],[s_2,s_3]>,<[s_4,s_5],[s_3,s_5],[s_3,s_5]>\Big\}.$$

步骤4:计算每个方案的评价值与犹豫模糊不确定正负理想解的加权距离分别为

$$d_1^+=0.2901,d_2^+=0.2704,d_3^+=0.2761,d_4^+=0.2396,d_5^+=0.3302,$$

$$d_1^-=0.2109,d_2^-=0.2370,d_3^-=0.2154,d_4^-=0.2521,d_5^-=0.1584.$$

步骤5:计算方案的相对贴近度为 $C_1=0.4209$, $C_2=0.4671$, $C_3=0.4382$, $C_4=0.5127$, $C_5=0.3242$. 因而方案的排序为 $A_4>A_2>A_3>A_1>A_5$.

如果属性的权重向量部分可知,为 $H=\{0.1\leqslant w_1\leqslant 0.15,0.15\leqslant w_2\leqslant 0.25,0.15\leqslant w_3\leqslant 0.2,0.1\leqslant w_4\leqslant 0.15,2w_3\leqslant w_2,w_1+w_2+\ldots+w_4=1\}$,则建立如下模型

$$\max D_j=4.4357w_1+4.2813w_2+5.9797w_3+4.9066w_4$$

$$s.t.\ 0.1\leqslant w_1\leqslant 0.15,0.15\leqslant w_2\leqslant 0.25,0.15\leqslant w_3\leqslant 0.2,$$

$$0.1\leqslant w_4\leqslant 0.15,2w_3\leqslant w_2,w_1+w_2+\ldots+w_4=1$$

通过求解上述模型,计算属性的权重向量为(0.20,0.30,0.15,0.35).计算方案评价值与犹豫模糊不确定正负理想解的加权距离为 $d_1^+=0.3520$, $d_2^+=0.2213$, $d_3^+=0.2759$, $d_4^+=0.2242$, $d_5^+=0.2624$, $d_1^-=0.1212$, $d_2^-=0.2577$, $d_3^-=0.1879$, $d_4^-=0.2398$, $d_5^-=0.1917$. 计算方案的相对贴近度为 $C_1=0.2562$, $C_2=0.5380$, $C_3=0.4050$, $C_4=0.5168$, $C_5=0.4289$. 根据方案的相对贴近度对方案排序可得 $A_2>A_4>A_5>A_3>A_1$. 最优方案为 $A_2$.

## 5　结论

给出了犹豫模糊不确定语言变量的定义以及运算律.给出了一个新的犹豫模糊不确定

语言环境下的多属性决策方法. 考虑了属性权重信息完全未知和部分可知的情况,如果属性的权重向量完全未知,则可以采用极大偏差法确定属性的权重向量;如果属性的权重向量部分已知,则可以通过建立线性规划模型确定. 采用 TOPSIS 方法对方案排序,并通过实例说明方法的可行性和有效性.

## 参考文献


[1] TORRA V. Hesitant fuzzy sets[J]. International Journal of Intelligent Systems, 2010, 25: 529-539.

[2] XIA M M, XU Z S. Hesitant fuzzy information aggregation in decision making[J]. International Journal of Approximate Reasoning, 2011, 52: 395-407.

[3] ZHANG Z M. Hesitant fuzzy power aggregation operators and their application to multiple attribute group decision making[J]. Information Sciences, 2013, 234: 150-181.

[4] WEI G W. Hesitant fuzzy prioritized operators and their application to multiple attribute decision making[J]. Knowledge-Based Systems, 2012, 31: 176-182.

[5] ZHANG N, WEI G W. Extension of VIKOR method for decision making problem based on hesitant fuzzy set[J]. Applied Mathematical Modelling, 2013, 37: 4938-4947.

[6] CHEN N, XU Z S, XIA M M. Correlation coefficients of hesitant fuzzy sets and their applications to clustering analysis[J]. Applied Mathematical Modelling, 2013, 37: 2197-2211.

[7] WANG Y M. Using the method of maximizing deviations to make decision for multi-indices [J]. System Engineering and Electronics, 1998, 7: 724-26.

# 突发事件条件下引入路阻的蚁群算法求解 K-最短路问题

安亚峥[1],秦　勇[1],孟学雷[2],张　涛[3]

(1. 北京交通大学 交通运输学院,北京 100044;
2. 兰州交通大学 交通运输学院,甘肃 兰州 730070;
3. 中国铁道科学研究院 通信信号研究所,北京 100044)

**摘　要**:针对铁路运输过程中突发事件条件下路网中的列车运行 $K$-最短路的问题,本文通过改进蚁群算法求解满足运输需求的若干条迂回径路. 基于传统的蚁群算法,提出了一种新的方向距离搜索机制,对转移概率进行了修正;引入铁路区间路阻和信息素衰减加速度,改进了信息素更新原则;将改进的蚁群算法应用于求解 $K$-最短路的问题中,得到了一种新的求解列车运行 $K$-最短路的方法. 通过计算实例验证,该方法合理可行,在径路总长度和列车运行时间的消耗方面都有充分保证,有较强的理论意义和较大的工程应用价值.

**关键词**:突发事件;蚁群算法;路阻;衰减加速度;$K$-最短路

**中图法分类号**:TP391　　　　**文献标志码**:A

# Ant Colony Algorithm for Solving The K-shortest Paths Problem in Emergencies with Consideration of Impedance

AN Yazheng[1], QIN Yong[1], MENG Xuelei[2], ZHANG Tao[3]

(1. School of Traffic and Transportation, Beijing Jiaotong University, Beijing 100044, China;
2. School of Traffic and Transportation, Lanzhou Jiaotong University, Lanzhou 730070, Gansu, China;
3. Institute of communication signal, Chinese academy of railway sciences, Beijing 100044, China)

**Abstract**: Aiming at solving the problem of $K$-shortest paths in emergencies of the railroad network in train operation, the paper improves ant colony algorithm to search for enough circuitous paths to meet the requirements of the trains operation. Based on the

---

**资助项目**:国家自然科学基金项目(61263027);甘肃省自然科学基金项目(213227);高等学校博士学科点专项科研基金新教师类资助课题(20126204120002)

**作者简介**:安亚峥,(1990—),女,河南南阳人,硕士研究生;秦勇(1971—),男,江苏徐州人,教授,博导,研究方向为智能交通系统,交通安全工程,交通信息系统等,email:qinyong2146@126.com;孟学雷(1979—),男,山东泰安人,副教授,硕导,研究方向为铁路运输组织优化,复杂网络与模糊优化等;张涛(1979—),研究方向为行车指挥。

typical ant colony algorithm, a new search mechanism improving the direction determination is proposed to modify the transition probability of the ant colony algorithm. Impedance and decay acceleration of pheromone are introduced to improve the rule of pheromone-updating. The improved ant colony algorithm presented in this paper is a novel one to solve the *K*-shortest paths problem. The results of the proposed computing case proved that the method is reasonable and practicable and the total lengths of the paths and trains running times are fully guaranteed and it has a strong theoretical significance and application value in engineering fields, which can be embedded in the trains dispatching system based on the railway network.

**Keywords**: emergency; ant colony algorithm; impedance; decay acceleration; *K*-shortest path

## 1 引言

铁路是我国国民经济的大动脉,铁路运输对国家的经济发展起着中流砥柱的作用. 随着社会的发展和科学技术的不断进步,铁路凭借其较大的运输能力,快捷的运送速度,较低的运输成本,以及能耗小、污染小、受自然条件限制小等特点,取得了全面快速的发展,已经在我国形成了集高速与重载为一体的规模性铁路网络,未来的铁路在交通系统中仍然是骨干和中坚. 所以,铁路系统一旦出现突发事件而导致部分线路出现行车中断的情况,就要求列车调度人员能够在考虑诸多方面因素的同时,迅速找出若干条迂回径路,对受故障路段影响的线路上运行的列车流进行分流,也就是传统算法中的 *K*-最短路问题.

在众多新型智能算法中,蚁群算法有着其固有的优越性,该算法通过模拟蚁群在觅食径路中的学习能力,通过信息素浓度的变化及径路长度因子的启发,最终运用较少的迭代次数搜索出最优径路. 基本的蚁群算法具有稳健性、可并行性等特点,因此对不同问题都有很强的实用性. 但与此同时,也存在易于停滞而陷入局部最优以及在高维问题中表现的运算时间过长等缺点. 针对这些问题,吴虎发[1]等提出了初始化信息素浓度时加入方向引导因素,并设计了一个动态因子使其自适应地对信息素进行更新. 张森[2]提出了一种自主复制蚁群算法. 李云[3]提出了双向搜索机制,以减少搜索所需时间. 陈迎欣[4]等引入方向搜索热区机制,对搜索范围进行了有效控制. 周竹萍[5]等提出信息素限定规则,并采用平滑机制进行信息素的更新. 但这些算法都限于对时间或距离等单因素的考虑,并且只能求解搜索一条最短路的问题. 本文引进路阻因素,在解决突发事件条件下的最短径路搜索问题时,兼顾距离与时间两方面因素的影响,并通过引入重复度惩罚系数解决了蚁群算法求解 *K*-最短路的问题,因此,本文的算法在实际应用中更具指导意义.

## 2 突发事件条件下列车最短径路问题的描述

突发事件条件下,铁路路网中某个区间出现故障,列车需要另寻径路以完成必要的运输任务. 为了得到合理可行的迂回径路,则要确立合理的目标函数. 在通常情况下,最短路问题基本都以径路长度最小为目标. 但是在铁路运输的最短径路问题中,却存在着诸多的制约性因素．例如，区间通过能力限制、区间利用率的约束、费用消耗、旅行时间的要求等．在这些条件的限制之下，涉及与时间相关的因子时，仅仅考虑径路长短对最终时间消耗的影响还是不够的，理论上因建立一定的约束模型以及目标函数．针对这一问题本文在这里引入路阻[10]的概念，并将其应用于铁路运输系统之中，将约束条件的约束功能在对目标函数值的控制中得以体现．所谓路阻就是指各种因素（路段平均行驶速度、车辆行驶的通畅性、路段车流量和平均延误等）影响下，路段行驶时间的综合表征量，可表示为如式（1）所示模型：

$$T=T_0\times[1+\alpha\left(\frac{V}{C}\right)^{\beta}] \tag{1}$$

根据分析，对于突发事件条件下铁路路网中的最短径路问题的目标函数可表示为

$$f(x)=\min(T), \tag{2}$$

其中：

$T$ 表示某一区间的路阻；

$T_0$ 表示某一区间段自由流通过时间；

$V$ 表示区间车流量当量值；

$C$ 表示区间实际通过能力，$\frac{V}{C}$ 即为区间的利用率；

$\alpha,\beta$ 为待标定参数，经分析验证本文中 $\alpha=0.5,\beta=5$.

针对铁路运输过程中的路阻，对于每一区间的自由流通过时间的计算，可以通过区间里程与列车技术速度的比值来确定，考虑到不同类型的列车运行速度不同的因素，在计算过程中采用该区间列车运行速度的加权平均值，即：

$$l_i=\begin{cases}1,\text{列车在车站 } i \text{ 停车}\\0,\text{列车在车站 } i \text{ 不停车}\end{cases}, \tag{3}$$

$$T_0^{ij}=\frac{d_{ij}}{v_{ij}}+l_i(\tau_{起}+\tau_{停}), \tag{4}$$

$$v_{ij}=\frac{\sum_{i=0}^{c}v_ix_i}{\sum_{i=0}^{c}x_i}, \tag{5}$$

其中：$v_i$ 表示第 $i$ 类列车的技术速度，$x_i$ 为该种列车的数量，$\tau_{起}$ 为起车附加时分，$\tau_{停}$ 为停车附加十分，$T_0^{ij}$ 为区间运行时分.

## 3　改进的蚁群算法在突发事件条件下列车最短径路求解中的应用

### 3.1　粒子群算法的基本原理[6]

假设有 $f$ 个结点通过若干径路联系，形成一个网络，$d_{ij}$ 代表节点 $i$ 到节点 $j$ 之间的距离．为了寻找到最短径路，将 $M$ 只蚂蚁随机放在 $f$ 个结点上．蚂蚁在完成一次由 $i$ 节点至 $j$ 节点的一次循环之后或者在搜寻过程中，在走过的边 $(i,j)$ 上释放出信息素，作为后续蚂蚁的学习材料，用 $\tau_{ij}(t)$ 表示在 $t$ 次循环后边 $(i,j)$ 上信息素浓度，$\tau_{ij}(0)$ 表示边 $(i,j)$ 上信息素初始浓度，$p_{ij}^k(t)$ 表示在第 $t$ 次循环时蚂蚁 $k(k=1,2,3,\dots,M)$ 选择径路 $(i,j)$ 的概率，即转移概率，其模型如下：

$$j=\begin{cases} argma\ x_u \in J_i^k\{|\tau_{iu}(t)||n_{iu}|^\beta\},q\leqslant q_0, \\ x,q>q_0 \end{cases} \tag{6}$$

式中,$q$ 是$[0,1]$之间的随机变量,$q_0$是可调参数($q_0\epsilon[0,1]$),$J\in J_i^k$根据以下概率取值:

$$p_{ij}^k(t)=\begin{cases} \dfrac{[\tau_{ij}(t)^{\alpha}\ [n_{ij}]^\beta]}{\sum\limits_{l\in J_i^k}[\tau_{il}(t)^{\alpha}\ [n_{il}]^\beta},j\in J_i^k, \\ 0,J\notin J_i^k \end{cases} \tag{7}$$

式中,$\alpha$ 和 $\beta$ 是可调参数,分别反应信息素浓度$\tau_{ij}(t)$和启发因子$n_{ij}$在蚂蚁选择径路过程中的相对重要性,当 $\alpha=0$ 时,距离 $i$ 点最近的下一节点更有可能被选择,这与传统的贪心算法思想相一致;当 $\beta=0$ 时,只有信息素浓度大小起决定作用,蚂蚁更倾向于学习性的选择,$n_{ij}$为距离的倒数 $1/d_{ij}$.

为了避免在多次循环后信息素浓度积累性的影响比重太大,就要考虑到随着循环过程的进行,信息素的挥发作用.通过信息素浓度的衰减作用,从求解结果可靠性来讲,可以避免蚂蚁在某一条径路上停滞陷入局部最优.基本的蚁群算法信息素更新规则如下:

$$\tau_{ij}(t+1)=(1-\gamma)\tau_{ij}(t)+\Delta\tau_{ij}(t), \tag{8}$$

式中,$\gamma$ 表示信息素的挥发率,$\Delta\tau_{ij}(t)=\sum\limits_{k=1}^{m}\Delta\tau_{ij}^k(t)$,假定初始时刻的信息素浓度$\tau_{ij}(0)$为一个较小的常量,也就是说在循环次数为零的情况下,路网中各条径路上信息素以较小的浓度均匀分布.

## 3.2 改进的粒子群算法

### 3.2.1 对启发因子的改进

铁路路网复杂,车站密集,所以在搜寻最短路时应引入更有效的引导因素以提高搜索效率.基本蚁群算的法启发因子只考虑到径路长短的问题,而忽略了径路方向性以及由于线路条件的要求对列车旅行速度的影响,这两个因素却对全局最优解的搜寻起到了更为全面的引导性作用.针对于方向性的问题,在许多文献中已有提出,本文在此基础之上对方向角作了进一步的完善,使其对启发因子的引导作用从性质上分析更具有精确性.为了减少数据存储量,将存储角的问题转化为各节点坐标[4],起始节点 $o$ 坐标表示为$(o_x,o_y)$,$j$ 节点坐标为$(j_x,j_y)$,目标结点$f$的坐标为$(f_x,f_y)$,则距离:

$$d_{ij}=\sqrt{(i_x-i_y)^2+(i_y-j_y)^2} \tag{9}$$

同理可得出$d_{if}$,$d_{jf}$,由此可得

$$\theta=\arccos\frac{d_{oj}{}^2+d_{of}{}^2+d_{jf}{}^2}{2\ d_{oj}d_{jf}} \tag{10}$$

在此基础之上,对启发因子进行如下改进,其中 $\omega$ 为常量,表示方位角相对于距离因子的重要程度:

$$n_{ij}=\frac{1}{d_{ij}+\omega|\theta-\pi|} \tag{11}$$

当线路出现突发事件而影响其通过能力时,应将线路上通过能力及长度等因素予以调整,如若线路完全阻断,可令该区间$d_{ij}=+\infty$.由式(6)可以看出,边$(i,j)$的距离越短,$\theta$ 角越接

近平角的情况下,启发因子的值也就越大,代入转移概率公式中,表现出蚂蚁对该路段的选择的可能性也就越大.

### 3.2.2 铁路区间路阻控制下的信息素局部更新规则

在解决蚁群算法求最短路的问题过程中,由于信息素浓度在历次循环过程中的累加作用,一方面信息素浓度对最终转移概率的影响程度可能会越来越趋于主导地位,从一定程度上来说,忽略了启发因子的影响作用;另一方面搜索的空间范围会减小,使问题过早的收敛,容易陷入局部最优. 针对这一问题,本文引入了信息素衰减加速度,将信息素的衰减与实际循环所消耗的时间联系在一起,建立了基于路阻影响条件下的信息素衰减加速度模型:

$$\tau_{ij}(t+1)=\tau_{ij}(t)+\Delta\tau_{ij}(t)-at, \tag{12}$$

$$a=\delta\cdot T_{ij}(t), \tag{13}$$

式中:$a$ 为每进行一次循环信息素的衰减量;$\delta$ 为常量表示路阻对 $a$ 的影响系数;$T_{ij}(t)$ 表示完成第 $t$ 次循环时路段 $(i,j)$ 所需时间当量.

### 3.2.3 改进的蚁群算法求解铁路网络中 K–最短路

在实际的行车组织过程中,当某一径路由于某些突发事件而造成部分区段行车中断时,可能仅仅一条新的径路并不能提供足够的运能来分流事故径路上的车流,这就需要搜索出若干条次优径路,即迂回径路来满足要求的通过能力,而基本的蚁群算法求解最短路时往往得到的只是一条最优的径路. 为了解决这一问题,在已知需要增加的通过能力的条件下,求得所需增加的次最短径路的条数,转化为求解 K–最短路的问题. 设 $x_i(b)$ 为求解第 $b(b=0,1,2,3,\cdots,k)$ 条径路时的状态变量,其取值满足以下要求:

$$\begin{cases} x_{ij}(b)=1 & \text{边}(i,j)\text{在第 } b \text{ 条路上} \\ x_{ij}(b)=0 & \text{边}(i,j)\text{不在第 } b \text{ 条路上} \end{cases} \tag{14}$$

为了找出 $k$ 条互不相同的最短径路,并且要确保这 $k$ 条最短路相似度[7]不要太大,也就是说公用路段不能过度重合,本文对已经存在于搜索到最优径路中的路段被选择的概率进行修正. 修正过程中引入重复度惩罚系数 $A$,这样可以有效控制路段车流量,从而避免线路利用率超出这些路段的利用率或超出其通过能力而出现限制区间. 具体改进方法如下:

$$p_{ij}^{k}(t)=\begin{cases} \dfrac{[\tau_{ij}(t)^{\alpha}\ [n_{ij}]^{\beta}]}{\sum\limits_{l\in J_i^k}[\tau_{il}(t)^{\alpha}\ [n_{il}]^{\beta}}\cdot A^{\sum\limits_{b=0}^{k}x_{ij}(b)} & ,j\in J_i^k \\ 0,\text{否则} & \end{cases}, \tag{15}$$

式中 $A$ 为重复度惩罚系数,$(0\leqslant A<1)$.

通过以上方法的改进,经分析可得,选择两条完全相同的径路为小概率事件. 在现实应用过程中,路网规模大而复杂,要使两次搜寻结果完全相同,基本上为不可能事件. 因此从理论上讲,通过该方法搜索到 $k$ 条最短径路是可行的.

## 4 算法步骤

针对本文对蚁群算法求解最短路问题的改进,具体的算法实现步骤如下:

(1)各项参数的初始化,其中,令已经搜索到的最短径路路条数 $b=1$,(假设寻找3条最短径路,则令 $k=3$).

(2)对概率公式中各项参数进行初始化.

(3)将 $M$ 只蚂蚁随机放在初始节点处,启动蚁群,让蚂蚁 $m(m=1,2,3,\cdots,M)$ 按照转移概率的公式进行对下一节点的选择,直到到达最终节点.

(4)重复步骤(3),直到 $M$ 只蚂蚁全部到达终点,则得出本次循环最短径路,此后转入下一步.

(5)完成本次更新后,根据信息素更新规则对径路上的信息素进行更新.

(6)重复以上步骤,直到达到指定的迭代次数,则得到第一条最优径路.

(7)重复以上(2)至(5)步骤,得出次短径路并判断本次搜索径路是否与已经搜索到的径路完全重复,如若完全重复,则令 $b=b$,重复以上步骤,如若不重合,则令 $b=b+1$. 直至 $b=k$ 为止,则得到 $k$ 条最短径路. 算法流程如图1所示.

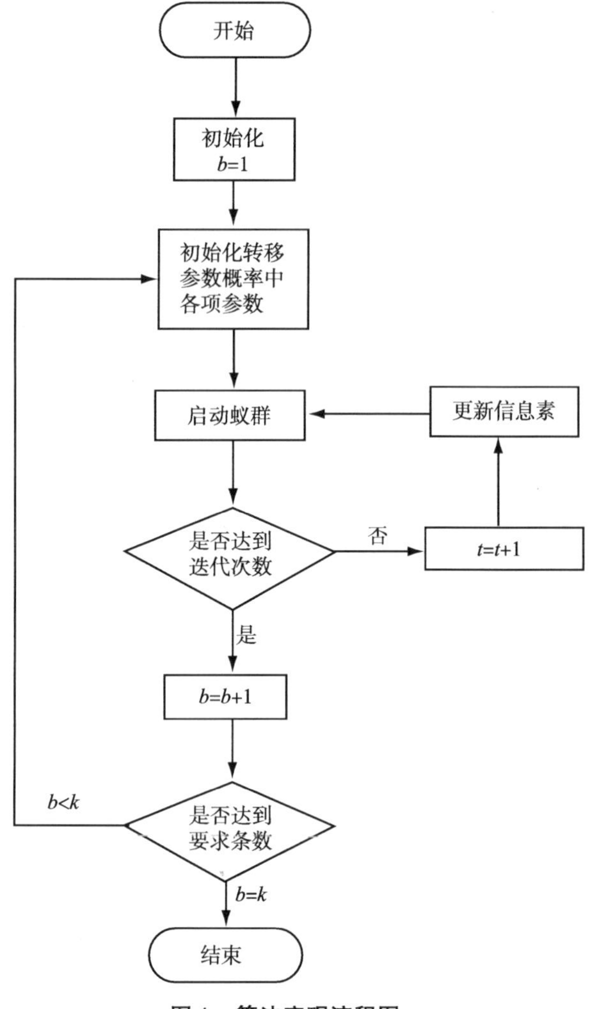


**图1 算法实现流程图**

## 5 计算实例及分析

在如图2所示的一个虚拟铁路网络节点图中,依照原计划列车运行图组织行车情况下,径路1—2—6—11—13—16有若干列列车用于完成由1至16的运输任务. 当遇到突发事件条件时,区间6—11被阻断,原来经过该区间的列车应改变路线运行. 针对始发站为1,终点站为16的列车,需要找出若干条迂回径路来分流径路上的车流,并需要满足以下条件:所走径路要求尽可能为最短径路,并且运输时间尽可能短;各区间的利用率要控制在允许范围之内;对其他径路按图组织行车的影响较小. 相关参数设置为:$\alpha=1$,$\beta=5$,$m=30$,$\delta=0.3$,$\omega=3$,循环次数为50,$A=0.9$.

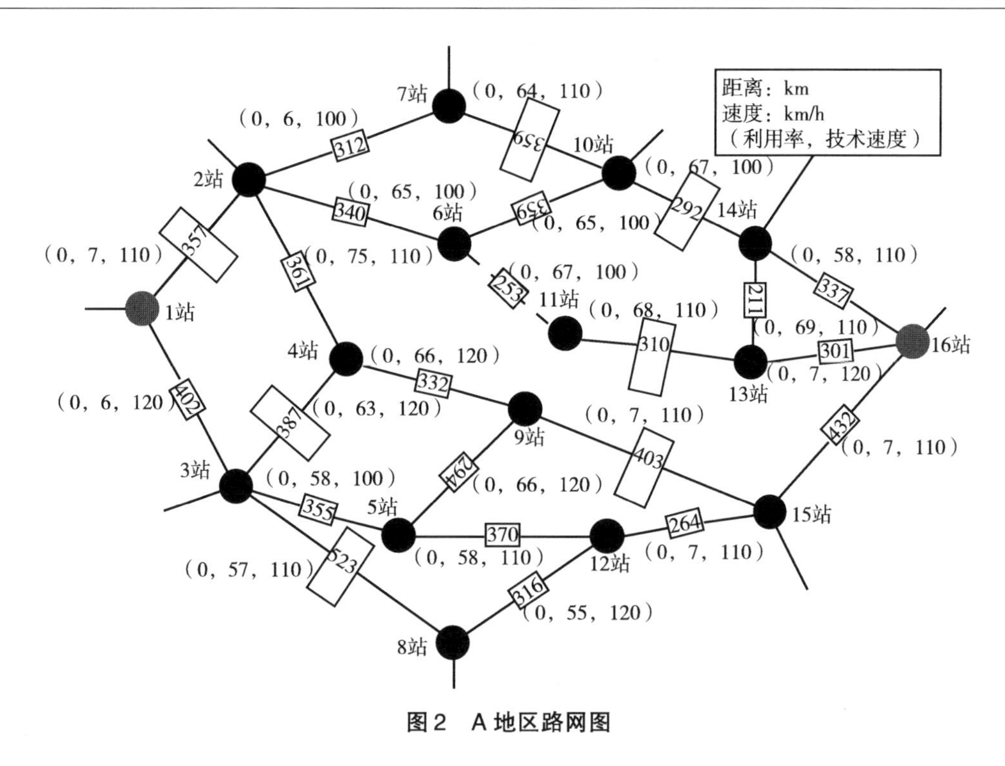


**图 2　A 地区路网图**

引入路阻因素后并考虑到区间利用率后，求得的 3 条最短径路及消耗的时间如表 1 所示：

**表 1　最短径路方案**

| 径路序号 | 径路 | 径路长度(km) | 消耗时间(h) |
|---|---|---|---|
| 1 | 1—2—7—10—14—16 | 1657 | 16.03 |
| 2 | 1—3—5—12—15—16 | 1823 | 17.60 |
| 3 | 1—2—6—11—13—14—16 | 1808 | 18.08 |

通过计算结果可得：对于第二条最短径路，当只考虑径路长度时，旅行速度为 90km/h，在采用本文设计方案后，列车旅行速度达到 104km/h，比原来提高了 15.56%. 改进后，径路长度比原方案有所增加，但是运行消耗时间却有了显著减少. 由此可见，经改进后的算法可以在满足径路长度较短的同时，兼顾到线路其他因素对行车速度的影响，将运行时间控制在允许范围之内.

## 6　结论

本文通过对蚁群算法的改进，解决了在突发事故条件下求解列车运行 *K*–最短径路问题，并结合算例对改进的蚁群算法的可行性进行了验证. 在改进的蚁群算法中综合考虑了转移节点与始发节点的方向角以及区间长度两个因素对转移概率的影响作用，使搜索结果更快地收敛于最短径路；同时，引入公路运输中的路阻因素，考虑车流密度和区间通过能力对列车旅行速度的影响,在确保径路长度最短的同时将运输时间控制在可控范围之内,对各区间原有车流的行车组织影响降到最小. 本文所提供的方法能够解决突发事故条件下的 $K$–最短路搜索问题,能够为列车运行调度问题提供借鉴,可以将该方法更广泛地应用于工程领域. 今后的研究应将更多的现实复杂因素考虑在内,有待于进一步的探索.

## 参考文献

[1] 吴虎发,李学俊,章玉龙. 改进的蚁群算法求解最短径路问题[J]. 计算机仿真,2012,29(8):215–218.

[2] 郝光,张殿业,王东梅. 双目标最短路有效解的快速算法[J]. 公路交通科技,2007,24(11):96–99.

[3] 杨中秋,张延华. 改进蚁群算法在交通系统最短径路问题的研究[J]. 现代电子技术,2009(8):76–78.

[4] 杨群,张国伍. 基于"节点删除"的多径路获取方法的研究[J]. 北方交通大学学报,2002,26(2):77–81.

[5] 陈迎欣. 基于改进蚁群算法的车辆径路优化问题研究[J]. 计算机应用研究,2012,29(6):2031–2034.

[6] 王越,叶秋冬. 蚁群算法在求解最短径路问题上的改进策略[J]. 计算机工程与用,2012,48(13):35–38.

[7] 李春泉,尚玉玲,胡春杨. 基于 K–最短路算法的云制造多粒度访问控制技术[J]. 管理工程学报,2011,31(9):2356–2358.

[8] 杨中秋,张延华,郑志丽. 基于改进蚁群算法对最短径路问题的分析与仿真[J]. 沈阳化工学院学报,2009,23(2):150–153.

[9] 杨群,关伟,张国伍. 基于合理多径路的径路选择方法的研究[J]. 管理工程学报,2002(4):42–45.

[10] 周竹萍,易富君. 交通网络最优径路搜索的蚁群算法[J]. 交通运输工程与信息学报,2013,11(2):24–30.

[11] 胡中华,赵敏. 求解最短径路路由蚁群算法的改进[J]. 石河子大学学报,2010,28(2):256–260.

[12] 朱绍伟,徐夫田,滕兆明. 一种改进蚁群算法求解最短径路的应用[J]. 计算机技术与发展,2011,21(7).

# The Research and Design of Train Safety Monitoring System

HUANG Baojing[1,2,3], Dong Honghui[1,2], JIA Limin[1,2],
QIN Yong[1,2], LI Haijian[1,3], PENG Wenlong[3]

(1. State Key Laboratory of Rail Trafflc Control and Safety, Beijing Jiaotong University, Beijing 100044, China; 2. Beijing Engineering Research Center of Urban Traffic Information Intelligent Sensing and Service Technologies, Beijing Jiaotong University, Beijing 100044, China;
3. School of Traffic and Transportation, Beijing Jiaotong University, Beijing 100044, China)

**Abstract**: This paper put forward a kind of train safety monitoring network based on Ethernet according to the need of train safety monitoring system, introduced the software platform's overall structure and the key realization technology. It has a certain practical significance to solve the low transmission speed and system isolated problems in train safety monitoring system.

**Keywords**: rail train ethernet; safety monitoring sensor network; large capacity; bogie; wheel support

## I Introduction

City rail transit has a series of congenital advantage, such as large volume, land saving, operating time stable, safety, environmental protection and so on. In past years it developed vigorously all over the world. However, in recent years, traffic accidents occur frequently, such as, in December 22, 2009, Shanghai metro line 1 has power failure, the train collided with a train of re-inforcements, lots of passengers were injured, the train body is damaged, the entire line of railway invalided; In September 5, 2012, Shenzhen metro line four occur the event of power failure with the result of the entire line of railway invalided; In January 8, 2013, during the no-live load run

---

**FUND**: the National Natural Science Foundation of China (61104164), the National Hi-Tech Research and Development Program of China ("863" Project) (2012AA112401), and the State Key Laboratory of Rail Traffic Control and Safety (RCS2014ZT04)

**AUTHOR**: HUANG Bongjing(1986—), male, Master, email: 13120785@bjtu.edu.cn.

test of Kunming Metro project's first phase, the train derailed form the rail, drivers in the car 1 dead and 1 injured[1]. In my view, all these accidents can be attributed to the train itself, because the rail transit gather lots of professionals, works in a body, it has complex systems and the organizations closely linked, human factors, equipment factors, management factors and natural factors all can cause the running fault, thus ensuring the safe operation of trains is an important and difficult mission.

At present our country has set up a lot of security monitoring system in the rail system, these systems covered lots of aspects of rail transport and playing an important role in electricity system, vehicle system and machine system. These monitoring systems provided a strong guarantee for the safe operation of rail train, and have great significance to ensure the passengers' safety. However, due to these security monitoring systems independent from each other, between them has no information exchange and sharing, so that the Information between various safety monitoring systems cannot be shared, leading to the result of poor communication and coordination among the various departments of the safety monitoring system, in addition, since most safety monitoring system adopt the independent communication network, the network's availability is low. So it is necessary to establish a train safety monitoring system that with reliable and advanced technology.

## II Train safety monitoring system

The train safety monitoring system distributes a various of security monitoring equipments around the key devices in the train and makes full use of them to detect factors that may affect the critical equipment's operation, in this way ensure the safe operation of these key equipments[2]. In the train, each key equipment's parameter to be detected may be one or more. In general, a complete safety monitoring system consists two main parts:

### A. The train safety detection network

It includes security monitoring equipments and communication network. The safety monitoring equipments will be installed around the key equipment andused for detecting security parameters that may have impacts on the key equipment's operation, after the detection, these data will be transmitted to the corresponding data processing system; The communication network is used for connecting these monitoring devices together and guaranteeing they can communicate with together in the network[3]. Now there are lots of communication network in the train, such as RS485, CAN, and TCN.

### B. The system software platform

The software platform is used to display, analysis, storage and manage the safety monitoring data that transmitted from the bottom detection devices. In addition it also has the duties of completing the equipment and users' management.

From above we know that thetrain safety monitoring network and the system software platform are two important parts of the train safety monitoring system, they work with each other and complete the train safety monitoring. The following paragraphs we will separately from these two parts complete the train safety monitoring system's research and design.

## Ⅲ Safety monitoring network

As shown in figure 1, we can choose suitable monitoring network in the train safety monitoring network's bottom layer according to needs, including RS485, CAN bus and TCN network. We may find that most networks in the bottom layer are bus network, this mainly because that the bus network with characters of high reliability, easy installation, technology maturity, these characters are very suitable for the train complex operating environment[4]. However, with people's requirement for the train's safety operation coefficient continuously improve, the data need to be monitored also increasing quickly, the entire network use the bus network has not been able to meet the large capacity and high-speed's data transmission requirements. Therefore, after these bus networks complete the data detection, we use Ethernet complete the data transmission, in this process, the Bus-to-Ethernet gateway plays an important role. Ethernet has a series of advantages, such as rapid transmission rate, big throughput, compatibility and openness, long transmission distance, high speed, easy to use and management and so on. In this way, data transmitted to the gather node through Ethernet, the gather node will convert the signal into a unified format in accordance with the nodes communication protocol, finally these data will be send to the data center, so as to realized the train safety monitoring system's data transmission.

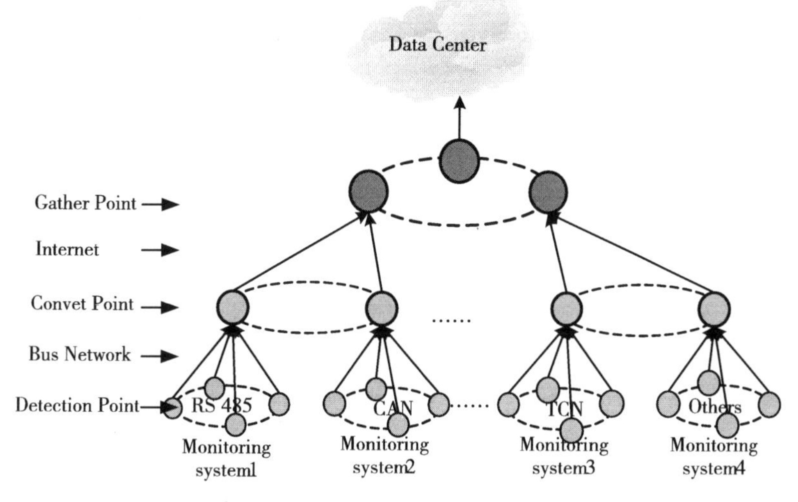


**Figure 1 Safety monitoring network**

## Ⅳ System software platform

According to the develop trend of computer technology and the train monitoring system's needs, the train safety monitoring system's software platform should have characters of good openness, expansibility, user operation simple, rapid database interaction and so on. Based on the software design idea of modular, in this paper we divide the system into different parts. This modular design idea simplified programming process, expansion, maintenance and debugging. The software structure of this topic is shown as Figure 2:

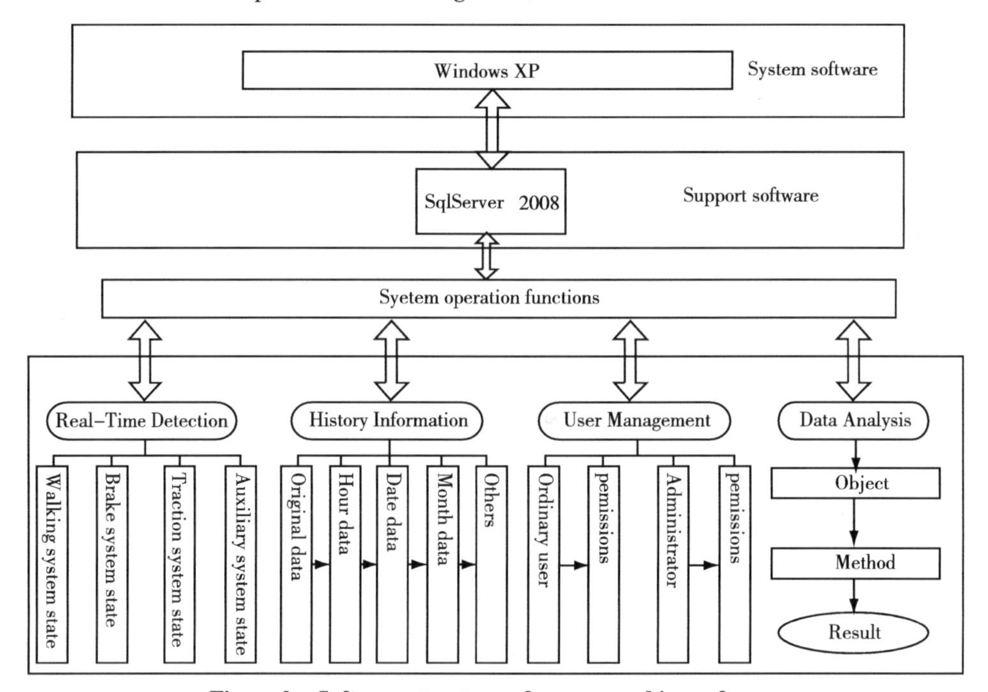


**Figure 2 Software structure of upper machine software**

## V Key technology and function description

(1) In this system we choose the C/S structure, system page adopts tree structure and break the train into four parts, braking system, the walking system, traction system and auxiliary system, each part use the tree structure to list the key equipments that to be monitored. Users can easily browse the real-time monitoring data by clicking tree structure's nodes and completing the train security monitoring through this structural layout.

(2) The real-time monitoring module. The system's real-time monitoring module can display the parameter's real-time curve of currently selected key equipment, such as temperature, humidity, displacement and so on. And every 20s it will automatically refresh, in this way, ensure the data's effectiveness and real-time, the latest data also will help the safety staff to grasp the key device's real-time status.

For this function, we draw support from the MsChart provided by Microsoft Corp, this control can be used to achieve most of types Microsoft Graph, including the plot, bar charts, line graphs and pie charts and other chart types[5]. In the design process, we can set the visible data number in chart region according to the need by: chart. ChartAreas[0]. Axis$X$. ScaleView. Size = $X$, and we also need to add a timer, in the timer we bound the data by chart. Series[0]. Points. DataBind$XY$, In this way the clock timer can update the data continuously. The axle temperature's dynamic display chart is shown as Figure 3:

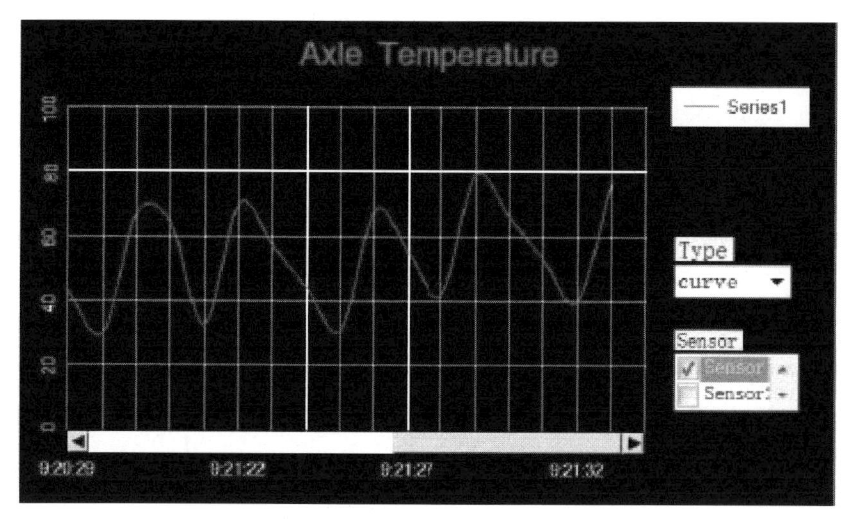


**Figure 3 Axle temperature's dynamic display chart**

(3) User management module. In the system, this module divided people intoordinary user and administrator, each user land to the system through their own user name and password, different user have different permissions. In the landing process, the system must first connect to the database, find the user's information table, if the user name and password are identical with the information table, then this user can landing successful and obtain the appropriate work permissions[6]. It's process is shown as Figure 4:

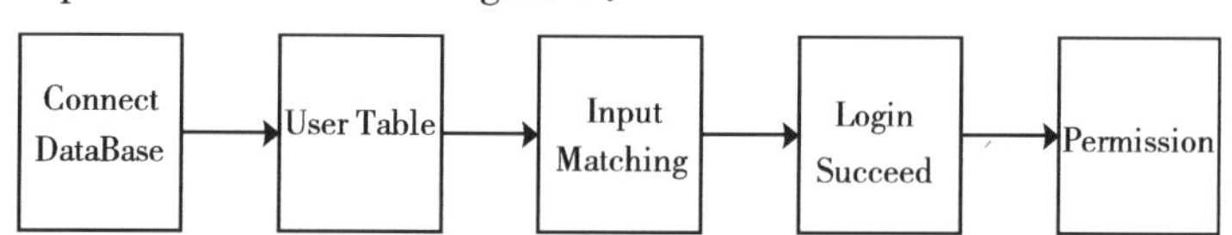


**Figure 4 User management in workflow**

```
stringstrconn = "select * from user";
myconn = new SqlConnection(connstr);
sqlda = new SqlDataAdapter(strconn, myconn);
ds. Clear();
sqlda. Fill(ds, "user");
mytable = ds. Tables[0];
foreach (DataRow Userrows in mytable. Rows)
{
                {
Messagebox. Show("登录成功")
                this. Close();
        }
    }
```

(4) The historical information module. The history data module facilitated the train safety monitoring information's management and query, It store the information according to the time, day, month, year, the user and management can easily get the purpose information according to the query requirement, the historical support data curve display function, which have great significance to the data's variation analysis.

## Conclusion

With the rapid development of rail transportation, train safety monitoring has been paid more and more attention, this paper complete the new train safety monitoring system's research and design from the monitoring network construction and system software platform, it has some significance to solve the safety monitoring system's slow speed and system scattering problems, but it lack of the research on database design and management which will be the focus of future research.

## Acknowledgment

The authors wish to thank the State Key Laboratory of Rail Traffic Control & Safety, Beijing Jiaotong University, and all the people who participated in the experiment for their cooperation. This work is supported by the National Natural Science Foundation of China (Grant No. 61104164), the National Hi-Tech Research and Development Program of China ("863" Project) (Grant No. 2012AA112401), and the State Key Laboratory of Rail Traffic Control and Safety (Contract No. RCS2014ZT04)

## References

[1] GAO C S. Data communication and computer network [M]. Beijing: Higher Education Press, 2001.

[2] XIE X R. Computer network tutorial [M]. Beijing: People's Posts and Telecommunications Press, 2002.

[3] CLAIRE, ZHANG S L. The analysis of railway safety monitoring system's current situation [J]. Journal of Henan Mechanical and Electrical Engineering College, 2011.

[4] WANG H H, WANG G Z. The design and application of oil pipeline real-time leak detection system [J]. Oil and gas Transportation. 2001.

[5] ZHANG C C. The design of dynamically graph by using of MSChart controls [J]. Journal of Zhengzhou University (Engineering and Technology Edition), 2007 (5): 73-75.

[6] LIU T T. The foreground of Industrial Ethernet's application in train network system [J]. Internal Combustion Engine Vehicle, 2009, 4.

# 区间直觉模糊随机信息系统及其属性约简

魏　盼，李克典

（闽南师范大学 数学与统计学院，福建 漳州 363000）

**摘　要**：文章将区间直觉模糊随机变量引入信息系统，定义了区间直觉模糊随机信息系统，给出该系统下的期望相关关系. 基于此关系，讨论区间直觉模糊随机信息系统属性约简的判定和方法，并通过实际例子分析该法的有效性.

**关键词**：区间直觉模糊随机变量；粗糙集；属性约简

**中图分类号**：TP18　　　　**文献标志码**：A

# Interval Intuitionistic Fuzzy Random Information System and Its Attribute Reduction

WEI Pan, LI Kedian

(Department of Mathematatic and Information Science, Minnan Normal University, Zhangzhou 363000, Fujian, China)

**Abstract**: In this paper, we study the interval intuitionistic fuzzy random variable is introduced into information system, defines the interval intuitionistic fuzzy random information systems, given expectations. And based on this relationship, and discuss the interval intuitionistic fuzzy random decision and methods of the attribute reduction of information system, and through the analysis of actual examples the calculation steps of this method.

**Key words**: interval intuitionistic fuzzy random variables; rough set; attribute reduction

---

**基金项目**：国家自然科学基金项目(61379021,71140004)；福建省自然科学基金项目(2013J01029)

**作者简介**：魏盼(1991— )，女，硕士生，主要研究领域不确定理论及其应用，email：panzaiw@163.com；李克典(1956—)，男，教授，硕士生导师，主要研究不确定理论及其应用，一般拓扑学，email：likd56@126.com。

## 1 引言

经典粗糙集理论[1,2]是于1982年由波兰数学家Pawlak提出来的,已经在理论及应用上取得了很大的进展.粗糙集理论是尤为重要的数学工具,作为处理不确定、不精确、不完备信息和知识的系统,传统的不确定性可以分为随机性、模糊性、粗糙集三类,实际中总是几种不确定性交错出现,引发了学者们对同时具有多重不确定性的研究.许多文献有关模糊随机理论[3-6]及模糊粗糙理论[7-8]的研究已经取得了一定的成果,相对而言,随机直觉模糊粗糙集理论还需要进一步研究.

属性约简是知识发现的一个重要课题,它是粗糙集理论的核心问题之一,完备信息系统的属性约简已经取得了巨大的进展,实际问题中遇到的多是不完备信息系统,于是人们提出了非等价关系下不完备信息系统约简算法(相似关系[9]、相容关系[10]、限制容差关系[11]等).

1978年Kwakernaak[3]首次给出模糊随机变量的定义,模糊随机变量受到很多学者的研究和关注,Puri和Ralescu[4]对Kwakernaak[3]给出的模糊随机变量的定义进行了扩展,得到新的期望函数,并分析了这些新概念的性质,通过Harsdorff度量,得到勒贝格控制收敛定理.Kruse和Mayer[5]也对其进行了改进,以及LIV Y K,和LIV B基于文献[3,4]的几种定义方式,又提出了模糊随机变量的新定义,并给出了期望算子,还讨论了关于模糊随机变量的可测性的若干性质,进一步分析了模糊随机变量的独立分布,证明了一类大数定率.对于丢失数据的信息系统,许多文献对数据缺失的系统依据经验及概率统计的方法来补全信息,从而转化为完备信息系统,对于信息表现为不确定性和随机性的数据转化为确定性来处理,总是有一定的主观性和局限性.本文以信息系统为研究对像,此时对象关于属性值域表现为区间直觉模糊随机概念或者表现为区间直觉模糊概念,定义了区间直觉模糊期望相关关系,利用此关系讨论属性约简的判定和方法.

## 2 预备知识

**定义2.1**[6] 设$X$是一个非空集合,则称$\tilde{A}=\{\langle x,\tilde{\mu}_{\tilde{A}}(x),\tilde{\nu}_{\tilde{A}}(x)\rangle \mid x\in X\}$为区间直觉模糊集,其中$\tilde{\mu}_{\tilde{A}}(x)\subset[0,1]$和$\tilde{\nu}_{\tilde{A}}(x)\subset[0,1]$,$x\in X$,且满足条件$\sup\tilde{\mu}_{\tilde{A}}(x)+\sup\tilde{\nu}_{\tilde{A}}(x)\leqslant 1$,$x\in X$.显然,若$\inf\tilde{\mu}_{\tilde{A}}(x)=\sup\tilde{\mu}_{\tilde{A}}(x)$且$\inf\tilde{\nu}_{\tilde{A}}(x)=\sup\tilde{\nu}_{\tilde{A}}(x)$,则区间直觉模糊集退化为通常的直觉模糊集.

根据定义2.1[6]可知:区间直觉模糊集的基本组成部分是由$X$中的元素$x$属于$\tilde{A}$的隶属区间和非隶属区间所组成的有序区间对,称为区间直觉模糊数[6].为了方便起见,把区间直觉模糊数的一般形式简记为$([a,b],[c,d])$,其中$[a,b]\subset[0,1]$,$[c,d]\subset[0,1]$,$b+d\leqslant 1$,且记$\widetilde{\Theta}$为全体区间直觉模糊数的集合.显然,$\tilde{\alpha}^{+}=([1,1],[0,0])$是最大的区间直觉模糊数,$\tilde{\alpha}^{-}=([0,0],[1,1])$是最小的区间直觉模糊数[6].

**定义2.2**[6] 设$\tilde{\alpha}=([a,b],[c,d])$为一个区间直觉模糊数,则称$s(\tilde{\alpha})=\frac{1}{2}(a-c+b-d)$为

$\tilde{\alpha}$ 的得分值,其中 $s$ 为 $\tilde{\alpha}$ 的得分函数,$s(\tilde{\alpha}) \in [-1,1]$.

**定义 2.2**[7] 设 $\xi$ 是一个从概率空间 $(\Omega,B,P)$ 到区间直觉模糊集合的函数,$\tilde{A}$ 为区间直觉模糊集,如果对任意随机事件 $\omega \in \Omega$,则有 $\xi(\omega) = (\tilde{\mu}_A(\omega), \tilde{\nu}_A(\omega), \tilde{\pi}_A(\omega))$ 其中:$\tilde{\mu}_{\tilde{A}}$ :$\Omega \to \int [0,1]$,$\tilde{\nu}_{\tilde{A}}:\Omega \to \int [0,1]$ 和 $\tilde{\pi}_{\tilde{A}}:\Omega \to \int [0,1]$ 分别为 $\tilde{A}$ 的隶属度、非隶属度、和忧郁度,其满足 $\sup(\tilde{\mu}_{\tilde{A}}(\omega)) + \sup(\tilde{\nu}_{\tilde{A}}(\omega)) + \inf(\tilde{\pi}_{\tilde{A}}(\omega)) = 1$, $\inf(\tilde{\mu}_{\tilde{A}}(\omega)) + \inf(\tilde{\nu}_{\tilde{A}}(\omega)) + \sup(\tilde{\pi}_{\tilde{A}}(\omega)) = 1$,并且对于 $R$ 上的任意 Borel 集 $B$,$\tilde{\mu}_{\tilde{A}}(\omega) \in B$,$\tilde{\nu}_{\tilde{A}}(\omega) \in B$ 为 $\omega$ 的可测函数,则称 $\xi$ 为一个区间直觉随机变量,其中 $\int([0,1])$ 表示区间中所有闭子区间的集合.

若区间直觉模糊随机变量 $\xi$ 的可能取值可列多个或仅有有限个,则称此直觉模糊随机变量为离散型区间直觉模糊随机变量. 由于本文仅对离散型信息系统讨论,故下文所提到的区间直觉模糊随机变量都是离散型区间直觉模糊随机变量.

**定义 2.3** 假设 $\xi$ 为离散型区间直觉模糊随机变量,令 $E_S(\xi) = \bigcup_{w=1}^{\infty} P_w S_w$,其中 $S_w$ 为 $\xi$ 取得 $B_w$ 的得分函数. $P_w$ 为 $\xi$ 取值 $B_w$ 时的概率,规定 $\forall u \in U$, $(P_w S_w)(u) = P_w \wedge S_w(u)$,则称 $E_S(\xi)$ 为 $\xi$ 的得分期望. $E_S(\xi)$ 在一定程度上反应了 $\xi$ 所有可能取值的平均水平.

**例 2.1** 令 $\Omega = \{a,b\}$,$\xi(a) = B_1$,$\xi(b) = B_2$,其中 $\xi$ 取 $B_1$ 的概率为 0.5,$\xi$ 取 $B_2$ 的概率为 0.5,$B_1$,$B_2$ 为论域 $U = \{x_1, x_2\}$ 上的区间直觉模糊集.

$$B_1 = \{(x_1, [0.72, 0.74], [0.10, 0.12]), (x_2, [0.42, 0.45], [0.38, 0.40])\},$$

$$B_2 = \{(x_1, [0.00, 0.05], [0.80, 0.82]), (x_2, [0.65, 0.67], [0.28, 0.30])\},$$

则 $\xi$ 是区间直觉模糊随机变量. 由定义 2.3 可知 $E_S(\xi) = ((x_1, 0.05), (x_2, 0.37))$,则 $E_S(\xi)$ 是 $U$ 上的模糊子集,且 $E_S(\xi)$ 一定程度上反映了 $\xi$ 的可能取值.

**定义 2.4**[6] 设 $X = \{x_1, x_2, \cdots, x_n\}$ 为一个有限集合,

$\tilde{A}_1 = \{\langle x, [\tilde{\mu}^L_{\tilde{A}_1}(x), \tilde{\mu}^U_{\tilde{A}_1}(x)], [\tilde{\nu}^L_{\tilde{A}_1}(x), \tilde{\nu}^U_{\tilde{A}_1}(x)] \rangle\}$,和 $\tilde{A}_2 = \{\langle x, [\tilde{\mu}^L_{\tilde{A}_2}(x), \tilde{\mu}^U_{\tilde{A}_2}(x)], [\tilde{\nu}^L_{\tilde{A}_2}(x), \tilde{\nu}^U_{\tilde{A}_2}(x)] \rangle\}$

下面定义区间直觉模糊集 $\tilde{A}_1$ 和 $\tilde{A}_2$ 的一个相似性测度:$\vartheta(\tilde{A}_1, \tilde{A}_2) = \dfrac{\vartheta_{\tilde{\mu}}(\tilde{A}_1, \tilde{A}_2) + \vartheta_{\tilde{\nu}}(\tilde{A}_1, \tilde{A}_2)}{2}$,

其中:

$$\vartheta_{\tilde{\mu}}(\tilde{A}_1, \tilde{A}_2) = 1 - \left[\frac{1}{2}\sum_{j=1}^{n}\omega_j\left(|\tilde{\mu}^L_{\tilde{A}_1}(x_j) - \tilde{\mu}^L_{\tilde{A}_2}(x_j)|^{\lambda} + |\tilde{\mu}^U_{\tilde{A}_1}(x_j) - \tilde{\mu}^U_{\tilde{A}_2}(x_j)|^{1/\lambda}\right)\right]^{1/\lambda}, \lambda \geqslant 1$$

$$\vartheta_{\tilde{\nu}}(\tilde{A}_1, \tilde{A}_2) = 1 - \left[\frac{1}{2}\sum_{j=1}^{n}\omega_j\left(|\tilde{\nu}^L_{\tilde{A}_1}(x_j) - \tilde{\nu}^L_{\tilde{A}_2}(x_j)|^{\lambda} + |\tilde{\nu}^U_{\tilde{A}_1}(x_j) - \tilde{\nu}^U_{\tilde{A}_2}(x_j)|^{1/\lambda}\right)\right]^{1/\lambda}, \lambda \geqslant 1$$

$\vartheta(\tilde{A}_1, \tilde{A}_2)$ 反映了区间直觉模糊集的相似程度.

**定义 2.5**[7] 若 $A, B \in F(U)$,令 $D(A,B) = \dfrac{2\sum_{i=1}^{n}\min(A(\mu_i), B(\mu_i))}{\sum_{i=1}^{n}A(\mu_i) + \sum_{i=1}^{n}B(\mu_i)}$

则称 $D(A,B)$ 为 $A$ 与 $B$ 的算术平均最小贴近度.

**定义 2.6** 区间直觉模糊随机信息系统 $S$ 的一般形式定义为:$S = (U, A, V, F)$,其中:

(1) $U$ 表示非空有限的对象集合,即 $U = \{x_1, x_2, \cdots x_n\}$;

(2)$A$ 表示非空有限的属性集合,即 $A=(a_1,a_2,\cdots,a_n)$;

(3)$F=\{f_1,f_2,\cdots,f_n\}$ 为属性映射集合,$f_i:U\rightarrow V_j, j\leqslant n$,$V_j$ 为相应论域上区间直觉模糊子集构成的集族,且至少存在一个 $V_j$ 含有区间直觉模糊随机变量,$V=\bigcup_{1\leqslant j\leqslant n}V_j$.

**例2.2** 下面给出一个信息系统表(见表1).

**表1**

| 对象 | $a_1$ | $a_2$ | $a_3$ | $a_4$ |
|---|---|---|---|---|
| $x_1$ | $\xi_1$ | $H_2$ | $L_3$ | $L_4$ |
| $x_2$ | $H_1$ | $H_2$ | $\xi_3$ | $L_4$ |
| $x_3$ | $H_1$ | $\xi_2$ | $H_3$ | $H_4$ |
| $x_4$ | $L_1$ | $H_2$ | $L_3$ | $\xi_4$ |
| $x_5$ | $\eta_1$ | $L_2$ | $L_3$ | $H_4$ |

若 $H_1,L_1,H_2,L_2,H_3,L_3,H_4,L_4\in F(U)$ 都是区间直觉模糊集,$U=\{x_1,x_2,x_3,x_4,x_5\}$;$\xi_1$、$\eta_1$、$\xi_2$、$\xi_3$、$\xi_4$ 都是区间直觉模糊随机变量. 且 $x_i$ $(i=1,2,3,4,5)$ 的权重向量为 $\boldsymbol{\omega}=(0.20,0.10,0.15,0.25,0.30)^{\mathrm{T}}$. 假设令:$\xi_1=\begin{cases}H_1 & 1/3\\ L_1 & 2/3\end{cases}$,其中 1/3 为 $\xi_1=H_1$ 的概率,2/3 为 $\xi_1=L_1$ 的概率;$\eta_1=\begin{cases}H_1 & 1/2\\ L_1 & 1/2\end{cases}$;$\xi_2=\begin{cases}H_2 & 2/5\\ L_2 & 3/5\end{cases}$;$\xi_3=\begin{cases}H_3 & 1/5\\ L_3 & 4/5\end{cases}$;$\xi_4=\begin{cases}H_4 & 2/5\\ L_4 & 3/5\end{cases}$;

$$H_1=\{\langle x_1,[0.72,0.74],[0.10,0.12]\rangle,\langle x_2,[0.00,0.05],[0.80,0.82]\rangle\langle x_3,[0.18,0.20],[0.62,0.63]\rangle,\langle x_4,[0.49,0.50],[0.35,0.37]\rangle,\langle x_5,[0.01,0.02],[0.60,0.63]\rangle\};$$

$$L_1=\{\langle x_1,[0.60,0.63],[0.30,0.35]\rangle,\langle x_2,[0.50,0.53],[0.34,0.36]\rangle,\langle x_3,[0.20,0.21],[0.68,0.70]\rangle,\langle x_4,[0.20,0.22],[0.75,0.77]\rangle,\langle x_5,[0.05,0.07],[0.87,0.90]\rangle\};$$

$$H_2=\{\langle x_1,[0.42,0.45],[0.38,0.40]\rangle,\langle x_2,[0.65,0.60],[0.28,0.30]\rangle,\langle x_3,[1.00,1.00],[0.00,0.00]\rangle,\langle x_4,[0.70,0.90],[0.00,0.10]\rangle,\langle x_5,[0.80,1.00],[0.00,0.00]\rangle\};$$

$$L_2=\{\langle x_1,[0.30,0.32],[0.45,0.47]\rangle,\langle x_2,[0.90,1.00],[0.00,0.00]\rangle,\langle x_3,[0.18,0.20],[0.70,0.73]\rangle,\langle x_4,[0.15,0.16],[0.75,0.78]\rangle,\langle x_5,[0.00,0.05],[0.88,0.90]\rangle\};$$

$$H_3=\{\langle x_1,[0.48,0.58],[0.21,0.33]\rangle,\langle x_2,[0.42,0.53],[0.23,0.38]\rangle,\langle x_3,[0.29,0.36],[0.47,0.57]\rangle,\langle x_4,[0.35,0.46],[0.41,0.51]\rangle,\langle x_5,[0.37,0.50],[0.22,0.37]\rangle\};$$

$$L_3=\{\langle x_1,[0.46,0.64],[0.21,0.30]\rangle,\langle x_2,[0.30,0.40],[0.25,0.38]\rangle,\langle x_3,[0.50,0.61],$$

$[0.21,0.30]\rangle,\langle x_4,[0.50,0.59],[0.25,0.38]\rangle,\langle x_5,[0.38,0.48],[0.35,0.50]\rangle\Big\}$;

$H_4=\Big\{\langle x_1,[0.24,0.33],[0.57,0.67]\rangle,\langle x_2,[0.45,0.57],[0.21,0.34]\rangle,\langle x_3,[0.46,0.59],$

$[0.23,0.35]\rangle,\langle x_4,[0.32,0.41],[0.34,0.48]\rangle,\langle x_5,[0.68,0.81],[0.09,0.19]\rangle\Big\}$;

$L_4=\Big\{\langle x_1,[0.61,0.77],[0.10,0.20]\rangle,\langle x_2,[0.50,0.50],[0.50,0.50]\rangle,\langle x_3,[0.09,0.19],$

$[0.68,0.81]\rangle,\langle x_4,[0.03,0.13],[0.63,0.84]\rangle,\langle x_5,[0.68,0.81],[0.09,0.19]\rangle\Big\}$.

## 3 期望相关关系

若例2.2的信息系统中区间直觉模糊随机变量的值为空,此时区间直觉模糊随机信息系统退化成一般的不完备信息系统.如设 $a_1$ 代表“评价准则”,$H_1$ 代表“优”,$L_1$ 代表“良”,对于类似这种信息系统的属性约简,许多文献都认为:对象 $x_2$ 和 $x_3$ 关于属性 $a_1$ 不可区分,对象 $x_2$ 和 $x_4$ 关于属性 $a_1$ 是可区分的.然而,这些对象关于属性 $a_1$ 的值都是区间直觉模糊集,带有不确定性,对象 $x_2$ 和 $x_3$ 的“优”也不能认为完全相同.同样对象 $x_2$ 和 $x_4$ 的“优”和“良”更不能简单的认为相同.例如,$x_2$ 属于“优”的隶属度为0.7,非隶属度为0.3;$x_4$ 属于“优”的隶属度为0.6,非隶属度为0.2;依据经验,在一定的误差范围内是不可区分的.实例中,“优”和“良”的规律(隶属区间和非隶属区间)可以由经验或概率统计的方法给出,若可以客观给出,则可把属性“评价准则”转换成两个区间直觉模糊属性“优”和“良”,此时转化成一般的区间直觉模糊信息系统,但与原信息系统的属性约简、规则提取有较大的出入,与实际需要不符.在不确定理论中,不可区分性不是绝对的,所以,我们规定:若两个对象关于评价准则不可区分,则在给定精确度 $0\leqslant\alpha\leqslant 1$ 的前提下,准则优与准则良的关联度大于等于 $\alpha$.

**定义3.1** 设 $S=(U,A,V,F)$ 是区间直觉模糊随机信息系统,对于 $a_k\in A,x_i,x_j\in U,0\leqslant\alpha\leqslant 1$,称 $x_i$ 与 $x_j$ 关于 $a_k$ 期望相关(记为 $x_i=_{a_k}x_j$),假如满足下列条件之一:

(1)$f_k(x_i)$ 与 $f_k(x_j)$ 都为区间直觉模糊集且 $\vartheta(f_k(x_i),f(x_j)_k)\geqslant\alpha$;

(2)$f_k(x_i)$ 为区间直觉模糊集,$f_k(x_j)$ 为区间直觉模糊随机变量,且 $\vartheta(f_k(x_i),E_S(f(x_j)_k))\geqslant\alpha$;

(3)$f_k(x_i)$ 为区间直觉模糊随机变量,$f_k(x_j)$ 区间直觉模糊集,且 $\vartheta(E_S(f_k(x_i)),f(x_j)_k)\geqslant\alpha$;

(4)$f_k(x_i)$ 与 $f_k(x_j)$ 都是区间直觉模糊随机变量,且 $\vartheta(E_S(f_k(x_i)),E_S(f(x_j)_k))\geqslant\alpha$.

注:为下文表述方便,若 $x_i=_{a_k}x_j$ 不成立,则记为 $x_i\neq_{a_k}x_j$.

**定义3.2** 令 $R_E(A)=\{(x_i,x_j)\in U\times U;\forall a_k\in A,x_i=_{a_k}x_j\}$,则称 $R_E(A)$ 为属性集 $A$ 的期望相关关系,$R_E^A(x)=\{y\in U;(x,y)\in R_E(A)\}$ 是 $x$ 的关于属性集 $A$ 的期望相关类.

显然,期望相关关系是自反、对称关系,但一般情况下不是传递关系.

**例3.1** 考虑例2.2的区间直觉模糊随机信息系统.依据定义2.3可以求得各直觉模糊随机变量的期望:

$E_S(\xi_1)=((x_1,0.33),(x_2,0.17),(x_3,0.44),(x_4,0.14),(x_5,0.57))$,

$E_S(\eta_1)=((x_1,0.5),(x_2,0.17),(x_3,0.44),(x_4,0.14),(x_5,0.57))$,

$E_S(\xi_2)=((x_1,0.05),,(x_2,0.6),(x_3,0.4),(x_4,0.4),(x_5,0.4))$,

$E_S(\xi_3)=((x_1,0.30),(x_2,0.17),(x_3,0.30),(x_4,0.05),(x_5,0.14))$,

$E_S(\xi_4)=((x_1,0.54),(x_2,0.24),(x_3,0.24),(x_4,0.05),(x_5,0.60))$.

依据定义2.4和定义2.5可以求的各区间直觉模糊集的相关系数及模糊集的最小贴近度：

$\vartheta(E_S(\xi_1),H_1)=0.59$;$\vartheta(E_S(\xi_1),L_1)=0.50$;$D(E_S(\xi_1),E_S(\eta_1))=0.94$;$\vartheta(E_S(\eta_1),H_1)=0.60$;
$\vartheta(E_S(\eta_1),L_1)=0.49$;$\vartheta(H_1,L_1)=0.85$;$\vartheta(E_S(\xi_2),H_2)=0.64$;$\vartheta(E_S(\xi_2),L_2)=0.55$;
$\vartheta(H_2,L_2)=0.39$;$\vartheta(E_S(\xi_3),H_3)=0.65$;$\vartheta(E_S(\xi_3),L_3)=0.63$;$\vartheta(H_3,L_3)=0.90$;
$\vartheta(E_S(\xi_4),H_4)=0.63$;$\vartheta(E_S(\xi_4),L_4)=0.65$;$\vartheta(H_4,L_4)=0.64$;

如果给定精度 $\alpha=0.90$，则对象 $x_1$ 和对象 $x_5$ 关于属性 $a_1$ 期望相关.

## 4 区间直觉模糊随机信息系统的属性约简

为了提取区间直觉模糊随机信息系统 $S=(U,A,V,F)$ 上的基本知识，我们定义了其系统上的期望相关关系 $R_E(A)$，但这些知识的获取往往并不需要 $A$ 中的所有属性，可能存在一些冗余的属性，删除这些属性对分类的结果没有影响. 属性约简就在于保持信息系统分类能力不变的同时，去掉不必要的属性. 通过属性约简来简化问题，深化知识. 下面讨论期望相关关系下区间直觉模糊随机信息系统的属性约简方法.

**定义4.1** 设 $S=(U,A,V,F)$，是区间直觉模糊随机信息系统，$B\subseteq A$，若 $R_E(B)=R_E(A)$，则称 $B$ 是区间直觉模糊随机信息系统的一个期望相关协调集. 若 $B$ 是期望相关协调集，且 $B$ 的任何真子集都是期望相关协调集，则称 $B$ 为期望相关约简.

**定义4.2** 对于区间直觉模糊随机信息系统 $S=(U,A,V,F)$，$x,y\in U$，称 $a(x,y)$ 是在期望相关关系下能区分对象 $x$ 和 $y$ 的属性集，其中记 $a(x,y)=\{a_i\in A;x\neq_{a_i}y\}$.

**定理4.1** 设 $S=(U,A,V,F)$，是一个区间直觉模糊信息系统，$B\subseteq A$，则 $B$ 是期望相关协调集当且仅当 $B$ 满足条件：对于任意的 $x,y\in U$，若 $a(x,y)\neq\varphi$，则 $B\cap a(x,y)\neq\phi$.

证明"$\Leftarrow$"：因为 $B\subseteq A$，所以 $R_E(A)\subseteq R_E(B)$ 显然成立. 下只需证 $R_E(A)\supseteq R_E(B)$，若 $(x,y)\in R_E(A)$，则 $a(x,y)\neq\phi$，所以 $B\cap a(x,y)\neq\phi$，设 $b\in B\cap a(x,y)$，故 $x\neq_b y$ 且 $b\in B$，于是 $(x,y)\notin R_E(B)$，即 $R_E(B)\subseteq R_E(A)$.

证明"$\Rightarrow$"：设 $B$ 是期望相关协调集，则 $R_E(A)=R_E(B)$，若 $(x,y)\in U$，使得 $a(x,y)\neq\phi$，则 $(x,y)\notin R_E(A)$，故 $(x,y)\notin R_E(B)$，即 $B\cap a(x,y)\neq\phi$.

**推论4.1** 设 $S=(U,A,V,F)$，是一个区间直觉模糊信息系统，$B\subseteq A$ 为 $A$ 的期望相关约简当且仅当 $B$ 是满足条件：对于任意的 $x,y\in U$，若 $a(x,y)\neq\phi$，则 $B\cap a(x,y)\neq\phi$ 的极小集.

**定义4.3** 设 $S=(U,A,V,F)$ 是一个区间直觉模糊随机信息系统，记 $\Delta=\bigwedge_{(x,y)\in U\times U}\vee a(x,y)$，则称 $\Delta$ 是区间直觉模糊随机信息系统 $S$ 的区分函数.

**定理4.2** 设 $S=(U,A,V,F)$ 是一个区间直觉模糊随机信息系统，其区分函数 $\Delta$ 的极小析取范式的所有合取子式恰为 $A$ 的所有期望相关约简.

**例 4.1** 若给定精度 $\alpha=0.65$ 考虑例 2.2 的区间直觉模糊随机信息系统,根据定义 4.3 可求得区分两个对象的属性集:

$a(x_1,x_2)=(a_1,a_3)$;$a(x_1,x_3)=(a_1,a_2,a_4)$;$a(x_1,x_4)=(a_1)$;$a(x_1,x_5)=(a_2,a_4)$;

$a(x_2,x_3)=(a_2,a_4)$;$a(x_2,x_4)=(a_3)$;$a(x_2,x_5)=(a_1,a_2,a_3,a_4)$;$a(x_3,x_4)=(a_2,a_4)$;

$a(x_3,x_5)=(a_1,a_2)$;$a(x_4,x_5)=(a_1,a_2,a_4)$;

根据定理 4.2 有:

$$\begin{aligned}\Delta &=(a_1\vee a_3)\wedge(a_1\vee a_2\vee a_4)\wedge(a_1)\wedge(a_2\vee a_4)\wedge(a_2\vee a_4)\wedge(a_3)\wedge\\&\quad(a_1\vee a_2\vee a_3\vee a_4)\wedge(a_2\vee a_4)\wedge(a_1\vee a_2)\wedge(a_1\vee a_2\vee a_4)\\&=(a_1\wedge a_2\wedge a_4)\vee(a_1\wedge a_2\wedge a_3\wedge a_4)\vee(a_1\wedge a_2\wedge a_4)\vee(a_1\wedge a_2\wedge a_3)\end{aligned}$$

故此,例 2.2 的区间直觉模糊信息系统在期望相关关系下的属性约简有:

$$\{a_1,a_2,a_4\},\{a_1,a_2,a_4\},\{a_1,a_2,a_3\}.$$

## 5 结论

区间直觉模糊随机信息系统是不完备信息系统的一种表现形式,它一定程度上反映了信息的不确定性.本文利用区间直觉模糊随机变量的期望关联系数定义了其上的期望相关关系,给出一种规则,使之更有效地区分两个对象,再利用布尔运算得到区间直觉模糊随机信息系统在得分期望相关关系下的属性约简方法,并通过实例验证其可行性.

## 参考文献

[1] PAWLAK Z. Rough sets: theoretical aspects of reasoning about data [M]. Boston: Kluwer Academic Publishers, 1991.

[2] PAWLAK Z. Rough sets[J]. Communication of the ACM, 1995, 38(1): 89-95.

[3] KWAKERNAAK H. Fuzzy random variables-I. Definitions and Theorems[J]. In formation Sciences, 1978, 15: 1-29.

[4] PURI M L, RALESCU D A. Fuzzy random variables[J]. Journal of Mathematical Analysis and Applications, 1986, 114: 409-422.

[5] KRUSE R, MEYER K D. Statistics with vague data[M]. Dordrecht: D Reidel Publishing Company, 1987.

[6] 茆诗松,程依明,濮晓龙.概率论与数理统计教程[M].北京.高等教育出版社.2004.

[7] 赵涛,秦克云.模糊随机信息系统及其属性约简[J].计算机工程与应用.2012,48(22).

[8] LIU Y K, LIU B. Fuzzy random variables: a scalar expected value operator [J]. Fuzzy Optimization and Decision Making, 2003, 2(2): 143-160.

[9] DUBOIS D, PRADE H. Rough fuzzy set and fuzzy rough sets[J]. International Journal of Genernal Systems 1990, 17: 191-209.

[10] DUBOIS D. On ignorance and contradiction considered as truth values logic[J]. Journal of the IGPI, 2008, 16(2): 195-216.

[11] 魏大宽.基于相似关系的不完备模糊决策信息系统知识约简[J].湖南师范大学自然科学学报,2006,29(2).

[12] 魏大宽,周献中,朱宇光.基于改进型相容关系的不完备信息系统知识约简[J].计算机科学,2005,32(8):53-56.
[13] 许韦,吴陈.基于容差关系的不完备可变精度多粒度粗糙集[J].计算机应用研究2013,30.
[14] 陈水利,李敬功,王向功.模糊集理论及其应用[M].北京.科学出版社.2005.
[15] 李安贵,张志宏,孟艳,等.模糊数学及其应用[M].北京.冶金工业出版社.2005.
[16] 徐泽水.直觉模糊信息集成理论及应用[M].北京.科学出版社.2008.
[17] 王坚强,李婧婧.基于记分函数的直觉随机多准则决策方法[J].控制与决策.2010.

# 基于直觉模糊层次分析法的邯郸市水资源承载力评价研究

郑哲敏,王　超
(河北工程大学 经济管理学院,河北 邯郸 056038)

**摘　要**:直觉模糊层次分析法是基于直觉模糊集和模糊层次分析法而建立的一种决策分析方法,它在研究不确定性的问题上,更为灵活和准确.为了有效处理邯郸市水资源承载力评价问题中的不确定性,本文将直觉模糊层次分析法应用到该问题中,为解决区域水资源承载力提供一种新的思路.

**关键词**:直觉模糊集;模糊层次分析法;水资源承载力;邯郸市
**中图分类号**:X32029　　　　**文献标志码**:A

# The Evaluation of Water Resources Carrying Capacity in Handan Based on Intuitionistic Fuzzy Analytic Hierarchy Process

ZHENG Zhemin, WANG Chao
(College of Economics and Management, Engineering University, Handan 056038, Hebei, China)

**Abstract**: Intuitionistic fuzzy analytic hierarchy process is a new decision analysis method that based on the intuitionistic fuzzy sets and fuzzy analytic hierarchy process, it will be more flexible and accurate in the study of uncertainty problem. In order to effectively solve the evaluation problems about uncertainty in the water resources carrying capacity in Handan, in this article, the new method is applied to the problem, which provides a new way for solving the water resources carrying capacity problems.

**Key words**: intuitionistic fuzzy sets; fuzzy analytic hierarchy process; bearing capacity of urban resources of water; Handan

**作者简介**:郑哲敏(1990—),女,河北省邯郸市人,硕士研究生,主要研究方向为不确定信息处理和智能管理,email:1017009959@qq.com。

1965 年美国的 Zadeh L A. 提出了模糊集的概念[1],为模糊集合论的形成打下了基础. 其后,Atnassov K[2]把只考虑隶属度的 Zadeh 经典模糊推广为同时考虑真隶属度、非隶属度和犹豫度这三方面信息的直觉模糊集. 随之,一些学者在此基础上提出了直觉模糊信息集成的理论及应用[3],并将直觉模糊集理论与层次分析法相结合,提出了直觉模糊层次分析法[4].

我国对水资源承载力的研究是从 20 世纪 80 年代才开始的,而国外此时已有相关研究[5-6],不过短短几十年时间,我国已经成为全世界对水资源承载力研究最多的国家,这充分体现了我国对水资源的需求. 在对水资源承载力的研究过程中,有人对水资源承载力的内涵进行了分析[7],也有人对区域水资源承载力进行了评价[8-9],其中运用了多种方法. 但是由于水资源承载力极端的动态变化性和不确定性,这些研究的可信度并不高,为了提高研究的可信度,本文引入了直觉模糊层次分析法,为区域水资源承载力研究提供一种新的思路.

## 1 水资源概况

邯郸市是个缺水的城市,总面积为 12 062km$^2$,属华北平原的南端. 邯郸市属暖温带半湿润半干旱大陆性季风气候. 全市年平均降水量 539.4mm(1956—2010 年系列),降水量时空分布不均,年际变化悬殊是其主要特征. 全年降水量的 70% ~80% 集中在 6 月 ~9 月. 多年平均地表水资源量为 6.21 亿 m$^3$,多年平均地下水资源总量为 14.55 亿 m$^3$(矿化物 M≤3g/L). 2010 年底全市共建有大型水库 2 座,中型水库 5 座,小型水库 75 座,总库容 15.6533 亿 m$^3$,年末蓄水总量 2.3898 亿 m$^3$. 东部平原 25 座蓄水闸,其中有 19 座蓄水,蓄水总量 0.4493 亿 m$^3$,实灌面积 195.67km$^2$,灌溉水量 0.2811 亿 m$^3$. 研究邯郸市现状条件下的水源承载力,能为邯郸市科学规划、合理开发、全面节约、综合保护不同区域不同类型的水资源,为全面协调整个邯郸经济社会的可持续发展提供科学依据.

## 2 水资源承载力分析

### 2.1 直觉模糊层次分析法评价模型

(1)确定层次结构的一级指标和二级指标.

本文一级指标分为水资源条件,水环境开发利用,社会经济状况,水资源管理,水生态环境状况五方面,用 $B_i$ 来表示,再就是向下细分为 20 个小方面(见综合评价指标分级值表),用 $C_i$ 来表示,以此建立如下层次结构图(见图 1).

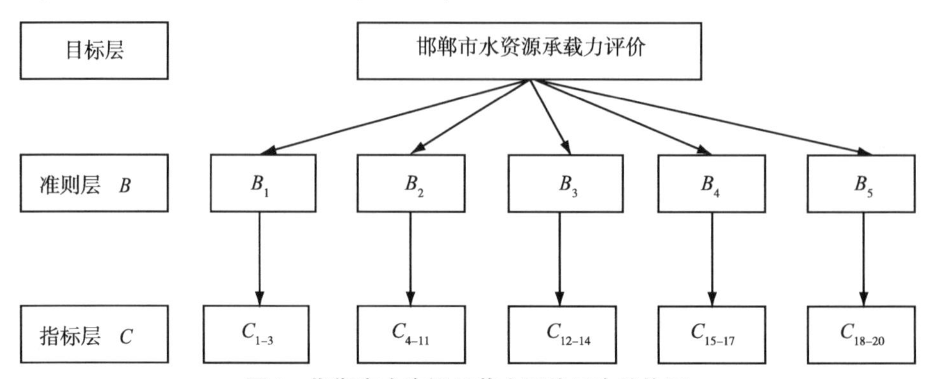


图 1 邯郸市水资源承载力评价层次结构图

(2)一级直觉模糊指标的权重求解.

已知一级指标的判断向量为:$A=(a_1,a_2,\cdots,a_n)$,其中 $a_i(i=1,2,\cdots,n)$ 表示一级指标中的第 $i$ 个属性对目标层的重要程度判断,且 $a_i=(\mu_i,\nu_i)(i=1,2,\cdots,n)$,为直觉模糊数的形式,并且其中 $\mu_i$ 表示属性对目标评价的重要程度,$\nu_i$ 表示属性对目标评价的不重要程度. 则得分函数为:$H(a_i)=\dfrac{1-\nu_i}{1+\pi_i},i=1,2,\cdots,n$,再由下式进行归一化:$w_i^{(1)}=\dfrac{H(a_i)}{\sum\limits_{j=1}^{n}H(a_j)},i=1,2,\cdots,n$,然后得到一级指标的权重向量:$w^{(1)}=(w_1^{(1)},w_2^{(1)},\cdots,w_n^{(1)})$.

(3)二级直觉模糊指标的权重求解.

首先给出二级属性对于一级属性的隶属度或影响程度的直觉模糊评价矩阵,其中 $b_{ij}=(\mu_{ij},\nu_{ij}),i=1,2,\cdots,n,j=1,2,\cdots,m$,并且 $\mu_{ij}$ 表示第 $j$ 个二级属性对第 $i$ 个一级属性的重要程度或影响程度,$\nu_{ij}$ 表示第 $j$ 个二级属性中对第 $i$ 个一级属性的不重要程度或不影响程度,则有二级直觉模糊指标中的属性权重计算公式:

$$b=w^{(1)}B=(w_1^{(1)},w_2^{(1)},\cdots,w_n^{(1)})\begin{bmatrix} b_{11} & b_{12} & \cdots & b_{1m} \\ b_{21} & b_{22} & \cdots & b_{2m} \\ \vdots & \vdots & & \vdots \\ b_{n1} & b_{n2} & \cdots & b_{nm} \end{bmatrix}$$

$$=(\sum_{i=1}^{n}w_i^{(1)}b_{i1},\sum_{i=1}^{n}w_i^{(1)}b_{i2},\cdots,\sum_{i=1}^{n}w_i^{(1)}b_{im}),i=1,2,\cdots,n,j=1,2,\cdots,m.$$

那么,我们得到二级指标中的第 $j$ 个属性的直觉模糊权重为

$$b_j=\sum_{i=1}^{n}w_i^{(1)}b_{ij}=[1-\prod_{i=1}^{n}(1-u_{ij})^{\omega_i^{(1)}},\prod_{i=1}^{n}\nu_{ij}^{\omega_i^{(1)}}],j=1,2,\cdots,m,$$

其中,若令 $\mu_j=1-\prod\limits_{i=1}^{n}(1-\mu_{ij})^{w_i},v_j=\prod\limits_{i=1}^{n}\nu_{ij}^{w_i}$,则有 $b_j=(\mu_j,v_j)$. 则对于二级指标的直觉模糊权重有它们的得分函数 $H(b_j)=\dfrac{1-\nu_j}{1+\pi_j},j=1,2,\cdots,m$.

然后由式 $w_j^{(2)}=\dfrac{H(b_j)}{\sum\limits_{j=1}^{m}H(b_j)},j=1,2,\cdots,m$,可得这些二级指标的归一化权重.

### 2.2 邯郸市评价指标体系

将水资源承载能力分为 $V_1,V_2,V_3$ 三个等级,分别表示“较好”“一般”“较差”,并对 $V_1,V_2,V_3$ 进行 0~1 之间的评分,取 $a_1=0.85,a_2=0.50,a_3=0.05$,以此来反映各等级因素对承载能力的影响程度,数值越高,表明水资源承载力越大. 综合评定时,按照下式对水资源承载力进行评分:$a=\dfrac{\sum\limits_{j=1}^{3}b_j^k\cdot a_j}{\sum\limits_{j=1}^{3}b_j^k}$,其中,$a_j$ 为相应等级的评分值,$b_j^k$ 为相应隶属度. 综合评价指标的分级值[8]见表 1.

表 1　综合评价指标的分级值表

| 准则层 $B$ | 指标层 $C$ | $V_1$ | $V_2$ | $V_3$ |
| --- | --- | --- | --- | --- |
| $B_1$ | 人均水资源量($m^3$/人) | >1700 | 1700～500 | <500 |
| | 人均水资源可利用量($m^3$/人) | >600 | 600～400 | <400 |
| | 水质优良率(%) | >80 | 80～45 | <45 |
| $B_2$ | 水资源开发利用率(%) | <30 | 30～80 | >80 |
| | 地下水开采率(%) | <30 | 30～70 | >70 |
| | 跨流域调水比例(%) | >30 | 30～5 | <5 |
| | 供水模数($10^4 m^3/km^2$) | <10 | 10～60 | >60 |
| | 需水模数($10^4 m^3/km^2$) | <10 | 10～60 | >60 |
| | 耕地灌溉率(%) | <40 | 40～80 | >80 |
| | 生活用水定额($L \cdot d^{-1}$/人) | <70 | 70～130 | >130 |
| | 回用水率(%) | >45 | 45～15 | <15 |
| $B_3$ | 人口密度(人/$km^2$) | <50 | 50～300 | >300 |
| | 人均 GDP(元/人) | >24000 | 24000～8000 | <8000 |
| | 万元工业产值取水量($m^3$/万元) | <80 | 80～200 | >200 |
| $B_4$ | 水利投资系数(%) | >1 | 1～0.1 | <0.1 |
| | 水利工程完好率(%) | >95 | 95～80 | <80 |
| | 水价(元/$m^3$) | >4 | 4～2 | <2 |
| $B_5$ | 污径比(%) | <2 | 2～10 | >10 |
| | 生态环境用水率(%) | >5 | 5～2 | <2 |
| | 污水处理率(%) | >70 | 70～45 | <45 |

## 2.3　综合评价结果

步骤 1：构造评价指标体系，建立递接结构.

步骤 2：请专家通过对同层属性关于上层属性进行两两比较建立直觉模糊互补判断矩阵. 其中，第二层准则层中所有元素对目标层的直觉模糊互补判断矩阵为：

$$\boldsymbol{A}=\begin{pmatrix} 0.5 & (0.7,0.2) & (0.9,0.1) & (0.8,0.1) & (0.8,0.2) \\ (0.2,0.7) & 0.5 & (0.6,0.3) & (0.7,0.2) & (0.7,0.2) \\ (0.1,0.9) & (0.3,0.6) & 0.5 & (0.5,0.4) & (0.6,0.3) \\ (0.1,0.8) & (0.2,0.7) & (0.4,0.5) & 0.5 & 0.5 \\ (0.2,0.8) & (0.2,0.7) & (0.6,0.3) & 0.5 & 0.5 \end{pmatrix}$$，(当 $b_{ij}=0.5$ 时，代表重要性相等)

依次得到第三层子准则层中元素对目标层的直觉模糊互补判断矩阵：

$$\boldsymbol{B}_1=\begin{pmatrix}0.5 & (0.3,0.6) & (0.7,0.2)\\(0.6,0.3) & 0.5 & (0.9,0.1)\\(0.2,0.7) & (0.1,0.9) & 0.5\end{pmatrix},$$

相应的可以得到 $\boldsymbol{B}_2,\boldsymbol{B}_3,\boldsymbol{B}_4,\boldsymbol{B}_5$.

步骤3:计算权重.采用直觉模糊层次分析法得到一级权重 $W^{(1)}=(0.5296,0.1963,0.1067,0.0837,0.0837)$,二级权重 $W_1^{(2)}=(0.3125,0.6045,0.0829)$,$W_2^{(2)}=(0.3106,0.0701,0.2410,0.1296,0.0876,0.0314,0.0508,0.0786)$,$W_3^{(2)}=(0.1508,0.6447,0.2044)$,$W_4^{(2)}=(0.6393,0.2469,0.1101)$,$W_5^{(2)}=(0.2492,0.1034,0.6475)$.

步骤4.根据邯郸市评价指标及得分公式得到以下数据(见表2).

表2 邯郸市水资源承载力评分表

| 水平年 | $V_1$ | $V_2$ | $V_3$ | 评分值 |
|---|---|---|---|---|
| 2000 | 0.1785 | 0.3808 | 0.5964 | 0.1097 |
| 2010 | 0.0935 | 0.4021 | 0.6312 | 0.0432 |

数据表明,邯郸市在2000年时虽然各项水利设施及水生态循环上没有达标,但是凭借地下水,水资源短缺不严重,2000年以后,随着邯郸市经济的大力发展,邯郸市的供水量已经远达不到社会对水资源的需求,邯郸市的水资源承载力在逐年下降.怎样得到更多的水资源以及如何合理利用水资源是邯郸市接下来水资源管理中的重中之重.

## 3 结语

由于影响水资源承载力因素本身的多变及不确定性,本文利用直觉模糊层次分析法对模糊信息处理的灵活性及实用性,能够更为准确地对其进行评判.

研究表明,邯郸市目前以本地水为主要供水的情况已经不能满足需水的情况,虽然近年南水北调中线工程已经进入通水阶段,但仍无法从根本上解决邯郸市缺水问题,邯郸市还是应从改善本地水状况做起,加强对水资源循环利用和生态环境的保护.

## 参考文献

[1] ZADEH L A. Fuzzy sets [J]. Information and Control,1965,8(3):338-353.

[2] ATNASSOV K. Intuitionistic fuzzy sets [J]. Fuzzy Sets and Systems,1986 (1):87-96.

[3] 徐泽水.直觉模糊信息集成理论及应用[M].北京:科学出版社,2008.

[4] 高红云,王超,哈明虎.直觉模糊层次分析法[J].河北工程大学学报:自然科学版,2011(4):101-105.

[5] JONATHAN M H, et al. Carrying capacity in agriculture: Globe and regional issue[J]. Ecological Economics,1998,129(3):443-461.

[6] RIJIBERMAN, et al. Different approaches to assessment of design and management of sustainable urban water system[J]. Environment Impact Assessment Review,2000,29(3):

333-345.
[7] 龙腾锐,姜文超,何强.水资源承载力内涵的新认识[J].水利学报,2004,1:38-45.
[8] 陈娅鑫,李冲.邯郸市水资源承载力评价及预测研究[J].地下水,2010,32(2):100-101.
[9] 袁显贵.基于主成分分析的赣江流域水资源承载力评价[J].测绘与空间地理信息,2014,37(3):62-80.

# 基于直觉模糊关系方程的柴油机故障诊断研究

金检华[1],李春泉[1,2]
(1. 西南石油大学 理学院,四川 成都 610500;
2. 电子科技大学 数学科学学院,四川 成都 611731)

**摘　要**:本文建立了基于直觉模糊关系方程的柴油机故障诊断模型,利用直觉模糊集表征柴油机的故障征兆及原因,求解直觉模糊关系方程,然后根据最大隶属度最小非隶属度直觉模糊诊断原则确定柴油机发生故障的主要原因. 最后给出实证分析验证模型的可靠性.

**关键词**:直觉模糊集;直觉模糊关系方程;故障诊断;柴油机

**中图分类号**:O159　　　　**文献标志码**:A

# Fault Diagnosis Research of Diesel Engines Based on Intuitionistic Fuzzy Relation Equations

JIN Jianhua[1], LI Chunquan[1,2]
(1. School of Sciences, Southwest Petroleum University, Chengdu 610500, Sichuan, China;
2. School of Mathematics Science, University of Electronic Science and Technology of China, Chengdu 611731, Sichuan, China)

**Abstract**: This paper provides a fault diagnosis model of diesel engines based on intuitionistic fuzzy relation equations. The malfunctions and portents are characterized by intuitionistic fuzzy sets respectively, then the intuitionistic fuzzy relation equation is resolved, and the main reasons for fault of diesel engines are established by the biggest membership and the least membership principle. Finally the given model is proven to be of great reliability by the empirical analysis.

**Key words**: intuitionistic fuzzy sets; intuitionistic fuzzy relation equations; fault diagnosis; diesel engines

---

**基金项目**:西南石油大学校级自然科学基金项目(2012XJZ030,2012XJZ031)
**作者简介**:金检华,女,博士;李春泉,男,博士研究生。

1965 年 Zadeh[1]引进模糊集的概念,模糊计算的研究[2-5]随后展开. 随着社会的发展及科技的进步,在现实世界中往往要处理与人类活动密切相关的复杂系统及问题,而这些环境或系统往往含有不确定性与不精确性,为了更好地描述不确定性现象,研究者提出了直觉模糊集[6-7]. 业已证明,直觉模糊集比模糊集更能完备地处理不确定信息. 近年来,直觉模糊集理论被研究并广泛地用于多属性群决策、模糊模式识别、医疗诊断、模糊优化控制等领域[8-11]. 柴油机故障种类繁多,原因复杂,其故障现象依靠人为经验不易发现且难以完全发现,故障现象、故障原因及故障机理之间存在着不确定性. 为此,文献[12-13]利用模糊集理论,把故障原因及故障征兆描述为模糊集,构造模糊诊断矩阵,建立了柴油发动机模糊故障诊断模型. 考虑到故障原因众多,若某些故障原因呈现的隶属度一致,则需寻求新的方法去判断柴油机发生故障的主要原因何在. 于是,本文引进直觉模糊集描述故障原因及故障征兆,建立直觉模糊关系方程,研究柴油机故障诊断问题.

# 1 预备知识

**定义 1.1**[6] 设 $X$ 为非空集合,则 $X$ 上的直觉模糊集 $A$ 是一个对象,形式如下:

$$A=\{(x,\mu_A(x),\upsilon_A(x)\mid x\in X\},$$

其中 $\mu_A:X\to[0,1]$ 和 $\upsilon_A:X\to[0,1]$ 分别代表任意元素 $x\in X$ 属于 $A$ 的隶属度 $\mu_A(x)$ 和非隶属度 $\upsilon_A(x)$,且满足不等式:$0\leqslant\mu_A(x)+\upsilon_A(x)\leqslant 1$, $\forall x\in X$.

为了简便起见,直觉模糊集 $A$ 简记为 $A=(\mu_A,\upsilon_A)$. 一个直觉模糊集简记为 IFS.

设 $\{A_i\mid i\in I\}$ 是 $X$ 上一簇 IFSs,则定义 IFSs 上的下确界算子和上确界算子为:$\bigcap\limits_{i\in I}A_i=\{(x,\bigwedge\limits_{i\in I}\mu_{A_i}(x),\bigvee\limits_{i\in I}\upsilon_{A_i}(x))\mid x\in X\}$,$\bigcup\limits_{i\in I}A_i=\{(x,\bigvee\limits_{i\in I}\mu_{A_i}(x),\bigwedge\limits_{i\in I}\upsilon_{A_i}(x))\mid x\in X\}$,其中 $\vee$ 和 $\wedge$ 分别代表单位区间 $[0,1]$ 上的上确界算子和下确界算子.

对于两个 IFSs $A=(\mu_A,\upsilon_A)$ 和 $B=(\mu_B,\upsilon_B)$,若 $\mu_A=\mu_B$ 且 $\upsilon_A=\upsilon_B$,则称 $A=B$. 若 $X$ 上的 IFS $A=(\mu_A,\upsilon_A)$ 满足:$\mu_A(x)+\upsilon_A(x)=1$, $\forall x\in X$,则 $A$ 退化为 $X$ 上的模糊集.

**定义 1.2** $X\times Y$ 上的直觉模糊关系(简记为 IFR)是 $X\times Y$ 上的一个直觉模糊集,即

$$E=\{((x,y),\mu_E(x,y),v_E(x,y))\mid x\in X,y\in Y\},$$

其中 $\mu_E,v_E:X\times Y\to[0,1]$ 满足条件 $0\leqslant\mu_E(x,y)+v_E(x,y)\leqslant 1$, $\forall(x,y)\in X\times Y$.

**定义 1.3** 设 $P=(\mu_p,\upsilon_p)$ 和 $E=(\mu_E,\upsilon_E)$ 分别为 $X\times Y$ 和 $Y\times Z$ 上的一个 IFR,定义两个 IFRs 的合成,$P\circ E=(\mu_{p\circ E},\upsilon_{p\circ E})$,其中 $\mu_{p\circ E}(x,z)=\bigvee\limits_{y\in Y}(\mu_p(x,y)\wedge\mu_E(y,z))$,$v_{p\circ E}(x,z)=\bigwedge\limits_{y\in Y}(v_p(x,y)\vee v_E(y,z))$, $\forall(x,z)\in X\times Z$.

# 2 直觉模糊诊断模型

本文利用直觉模糊集理论中的隶属函数和非隶属函数描述柴油机故障与征兆之间的直觉模糊关系,建立直觉模糊关系方程,进而实现对柴油机故障的诊断. 具体步骤如下.

## 2.1 确定故障征兆与故障原因

设某个检修站需诊断 $n$ 台同类型机器,记作 $X=\{x_1,\cdots,x_n\}$,其中 $x_i$ 表示第 $i$ 台被诊断的机器($i=1,\cdots,n$). 设一台机器故障征兆的种类为集合 $Y=\{y_1,\cdots,y_m\}$,其中 $y_j$ 表示第 $j$ 种

故障征兆($j=1,\cdots,m$).造成这 $m$ 种故障各种原因记为 $Z=\{z_1,\cdots,z_l\}$,其中 $z_k$ 表示第 $k$ 种原因($k=1,\cdots,l$).记故障征兆为 $X\times Y$ 上的 $\mathrm{IFRP}=(\mu_p,\upsilon_p)$,其中 $\mu_P(i,j)$ 表示第 $i$ 台机器对第 $j$ 种故障的隶属度,$\upsilon_P(i,j)$ 表示第 $i$ 台机器对第 $j$ 种故障的非隶属度($i=1,\cdots,n;j=1,\cdots,m$).当某台机器发生故障时,可能由若干个原因引起.记故障原因为 $X\times Z$ 上的 $\mathrm{IFRQ}=(\mu_Q,\upsilon_Q)$,其中 $\mu_Q(i,k)$ 表示第 $i$ 台机器故障发生源于第 $k$ 种原因的隶属度,$\upsilon_Q(i,k)$ 表示第 $i$ 台机器故障发生源于第 $k$ 种原因的非隶属度($i=1,\cdots,n;k=1,\cdots,l$).

### 2.2 建立直觉模糊诊断矩阵及方程

由于故障征兆现象的不确定性,故障征兆与故障原因存在着必然的因果关系,本文构造 $Y\times Z$ 上的一个 $\mathrm{IFRE}=(\mu_E,\upsilon_E)$ 表征故障原因与征兆之间的关系.假设故障征兆种类及故障原因总数有限,则 $\mathrm{IFRE}=(\mu_E,\upsilon_E)$ 可写成一个直觉模糊关系矩阵 $F=(F_{jk})_{m\times l}$,其中 $F_{jk}=(\mu_{jk},\upsilon_{jk})$,$\mu_{jk}$表示第 $j$ 种征兆对第 $k$ 种原因的隶属度,$\upsilon_{jk}$表示第 $j$ 种征兆对第 $k$ 种故障原因的非隶属度.利用定义 1.3,建立直觉模糊关系方程 $P\circ E=Q$ 或 $P\circ F=Q$.

### 2.3 直觉模糊诊断准则

根据统计学易得故障征兆 $P$,设直觉模糊关系矩阵 $F$ 由诊断专家给出,则由直觉模糊关系方程 $P\circ F=Q$ 及定义 1.3 知,可解得故障原因 $Q$.本文利用最大隶属度最小非隶属度直觉模糊诊断原则来推断最有可能的故障原因.具体如下:

步骤 1:针对第 $i$ 台机器,优先考虑隶属度达到最大的故障原因,即

$$Z^*=\left\{z_k\mid\mu(x_i,z_k)=\max\{\mu(x_i,z_j)\mid j=1,\cdots,l\}\right\},i=1,\cdots,n$$

步骤 2:若 $Z^*$ 含有两个及以上元素,则考虑非隶属度达到最小的故障原因,即

$$Z_T=\left\{z_t\mid\upsilon(x_i,z_t)=\min\{\upsilon(x_i,\gamma)\mid\gamma\in Z^*\}\right\},i=1,\cdots,n$$

若 $Z^*$ 只有一个元素,则认为 $z_k\in Z^*$ 即为第 $i$ 台机器最有可能发生的故障原因;

若 $Z^*$ 含有两个及以上元素,则认为 $Z_T$ 为最有可能发生的故障原因类.对于剩下的故障原因集再按以上原则可推断次可能的故障原因,依此下去对所有故障原因从主到次排序.

## 3 实证分析

设某台柴油机转速不足的 5 个主要原因[13]是:$z_1$(气门弹簧断),$z_2$(喷油头堵孔),$z_3$(机油管破裂),$z_4$(喷油过迟),$z_5$(喷油泵驱动键滚键)(如表 1 所示).6 个征兆分别为:$y_1$(排气过热),$y_2$(振动),$y_3$(扭矩急降),$y_4$(机油压过低),$y_5$(机油耗量大),$y_6$(转速上不去).根据专家经验可得每一征兆 $y_j$ 分别对于每个原因 $z_k$ 的隶属度$\mu_{jk}$和非隶属度 $\upsilon_{jk}$,从而给出直觉模糊诊断矩阵 $\boldsymbol{F}=(F_{jk})_{m\times l}$.若该台柴油机出现故障的征兆有 3 个即扭矩急降、机油压过低、机油耗量大,则可取故障征兆为

$$P=((0,1),(0,1),(0.98,0.02),(0.95,0.05),(0.95,0.02),(0,1)).$$

表 1　直觉模糊诊断矩阵

| 征兆 $j$ | 原因 $k$ | | | | |
|---|---|---|---|---|---|
| | 气门弹簧断 $z_1$ | 喷油头积碳堵孔 $z_2$ | 机油管破裂 $z_3$ | 喷油过迟 $z_4$ | 喷油棒驱动键滚键 $z_5$ |
| 排气过热 $y_1$ | (0.6,0.3) | (0.4,0.6) | (0.1,0.9) | (0.98,0.02) | (0.1,0.9) |
| 振动 $y_2$ | (0.8,0.1) | (0.98,0.02) | (0.3,0.7) | (0.1,0.8) | (0.1,0.85)、 |
| 扭矩急降 $y_3$ | (0.95,0.05) | (0.1,0.9) | (0.8,0.1) | (0.3,0.7) | (0.98,0.02) |
| 机油压过低 $y_4$ | (0.1,0.8) | (0.1,0.8) | (0.98,0.02) | (0.1,0.7) | (0.1,0.9) |
| 机油耗量大 $y_5$ | (0.1,0.7) | (0.1,0.85) | (0.9,0.1) | (0.1,0.8) | (0.1,0.8) |
| 转速上不去 $y_6$ | (0.3,0.6) | (0.6,0.4) | (0.9,0.05) | (0.98,0.02) | (0.95,0.05) |

由表1可得直觉模糊诊断矩阵 $\boldsymbol{F}$，即由定义 1.3 解方程 $\boldsymbol{P}\circ\boldsymbol{F}=\boldsymbol{Q}$，可得故障原因为 $\boldsymbol{Q}=((0.95,0.05),(0.1,0.8),(0.95,0.05),(0.3,0.7),(0.98,0.02))$.

由最大隶属度最小非隶属度直觉模糊诊断原则可得 $z_5>z_1=z_3>z_4>z_2$. 这表明，该台机器最有可能发生的故障原因为 $z_5$，最不可能引起故障发生的原因为 $z_2$. 维修者根据这个结果可首先查找原因 $z_5$，进而再查找原因 $z_1$ 和 $z_3$，从而可及时找到故障发生的原因.

## 4　结束语

本文给出了基于直觉模糊关系方程的故障诊断模型，且通过实证分析验证了该模型的实用性及可靠性. 由于机器出现故障征兆可能有数种，从而引起故障的原因可能同时有若干种，该模型不仅为柴油机维修部门提供了一种便捷、科学量化的新方法，还可推广到其余工程故障诊断领域.

## 参考文献

[1] ZADEH L A. Fuzzy Sets[J]. Information and Control, 1965, 8: 338–353.
[2] LEE E T, ZADEH L A. Note on fuzzy languages[J]. Information Sciences, 1969, 1: 21–43.
[3] LI Y M. Analysis of Fuzzy System[M]. Beijing: Science Press, 2005.
[4] LI Y M, LI D C, Pedrycz W. et al. An approach to measure the robustness of fuzzy reasoning [J]. International Journal of Intelligent Systems, 2005, 20 (4): 393–413.
[5] Jin J H, LI Y M, LI C Q. Robustness of fuzzy reasoning via logically equivalence measure [J]. Information Sciences, 2007, 177: 5103–5117.
[6] ATANASSOV K T. Intuitionistic fuzzy sets. Fuzzy Sets and Systems, 1986, 20(1): 87–96.
[7] ATANASSOV K T. Intuitionistic fuzzy sets: theory and applications[M]. Heidelberg: Physica-Verlag, 1999.
[8] CHEN Z P, YANG W. A new multiple criteria decision making method based on intuitionistic fuzzy information[J]. Expert Systems with Applications, 2012, 39(4): 4328–4334.

[9] KHATIBI V, MONTAZER G A. Intuitionistic fuzzy set versus fuzzy set application in medical pattern recognition[J]. Artificial Intelligence in Medicine, 2009, 47(1): 43-52.

[10] PEI Z, ZHENG L. A novel approach to multi - attribute decision making based on intuitionistic fuzzy sets[J]. Expert Systems with Applications, 2012, 39(3): 2560-2566.

[11] ZHANG Q S, JIANG S Y, JIA B G, et al. Some information measures for interval-valued intuitionistic fuzzy sets[J]. Information Sciences, 2010, 180(12): 5130-5145.

[12] 周志英. 模糊技术在柴油发动机故障诊断中的应用[J]. 煤矿机械, 2005(12): 162-164.

[13] 孟俊焕, 唐艳, 李伟. 模糊诊断法在汽车故障分析中的应用研究[J]. 农机化研究, 2006, 8: 206-207.